职业教育智能制造领域高素质技术技能人才培养系列教材

智能制造概论

主　编　胡　峥

副主编　刘　黎　陈　娟　时

参　编　盛　琴　吴　锐

机械工业出版社

本书为职业教育智能制造领域高素质技术技能人才培养系列教材，全书采用模块式结构编写，共分五个模块：走进智能制造、智能制造关键技术、智能制造产品全生命周期管理、智慧工厂和智能制造运营管理。本书主要阐述了智能制造技术的基础知识、发展和演进，着重介绍智能制造的核心技术及典型应用。

　　本书适合作为职业院校机电类、自动化类、机械设计制造类专业课程的教材，也可作为相关从业人员岗位培训、考证和自学教材。

　　为方便教学，本书配套有 PPT 课件、电子教案等资源，选用本书作为授课教材的教师可登录 www.cmpedu.com 注册并免费下载。

图书在版编目（CIP）数据

智能制造概论/胡峥主编. —北京：机械工业出版社，2022.7（2024.8 重印）
职业教育智能制造领域高素质技术技能人才培养系列教材
ISBN 978-7-111-71072-1

Ⅰ.①智…　Ⅱ.①胡…　Ⅲ.①智能制造系统-中等专业学校-教材
Ⅳ.①TH166

中国版本图书馆 CIP 数据核字（2022）第 110537 号

机械工业出版社（北京市百万庄大街 22 号　邮政编码 100037）
策划编辑：赵红梅　　　　责任编辑：赵红梅　苑文环
责任校对：郑　婕　王明欣　封面设计：王　旭
责任印制：邓　博
北京盛通数码印刷有限公司印刷
2024 年 8 月第 1 版第 5 次印刷
210mm×285mm · 14 印张 · 414 千字
标准书号：ISBN 978-7-111-71072-1
定价：42.00 元

电话服务　　　　　　　　　　网络服务
客服电话：010-88361066　　　机　工　官　网：www.cmpbook.com
　　　　　010-88379833　　　机　工　官　博：weibo.com/cmp1952
　　　　　010-68326294　　　金　书　网：www.golden-book.com
封底无防伪标均为盗版　　　机工教育服务网：www.cmpedu.com

本书是职业院校装备制造大类专业课程教材，依据教育部职业院校机电类、自动化类、机械设计制造类等专业的教学标准，并参照相关国家职业标准以及行业、职业技术规范编写而成。

智能制造是现代制造业的主攻方向，是落实党的二十大提出的"加快建设制造强国、质量强国、航天强国、交通强国、网络强国、数字中国"战略的重要举措，是我国制造业紧跟世界发展趋势、实现转型升级的关键所在。智能制造具有较强的综合性，随着信息技术与先进制造技术的高速发展，我国智能制造装备的发展深度和广度日益提升，以新型传感器、智能控制系统、工业机器人、自动化成套生产线为代表的智能制造装备产业体系已经形成。智能制造作为高端装备制造业的重点发展方向，是信息化与工业化深度融合的重要体现，大力培育和发展智能制造装备产业对于加快制造业转型升级，提升生产效率、技术水平和产品质量，降低能源资源消耗，实现制造过程的智能化和绿色化发展具有重要意义。在新的科技浪潮中，职业院校瞄准时代最前沿，将教学创新、专业人才培养与智能制造紧密结合在一起，使学生了解和掌握智能制造的基础知识和技能，适应当前发展新需求。

1. 贴近专业，使用面广

"智能制造概论"可作为高职智能制造装备技术、数字化设计与制造技术、工业工程技术、智能焊接技术，以及中职光电仪器制造与维修、智能化生产线安装与运维、机械制造技术、数控技术应用等专业的核心课程教材，全书立足智能制造根本，以智能制造在实际生产中的典型应用案例为原型，合理地选择教材内容；为适应智能制造技术的发展步伐，有机融入新工艺、新器件、新标准、新方法、新产品的知识。

2. 栏目丰富，易学好懂

智能制造技术理论性较强，学生掌握起来难度较大。本书依据相关专业教学标准对该课程的要求，结合职业院校学生的认知特点，融入先进制造的案例，通过模块、单元、知识学习、任务安排的形式呈现课程内容，每个模块包含若干个单元，按照任务引领的方式，体现"理论-实践一体化"教学模式，培养学生自主学习的能力。其中"任务探究"栏目用以强化学生的基础知识，"任务评分"考查学生任务完成情况，"知识归档"栏目培养学生对知识的梳理能力，"小知识"栏目拓展学生视野。

3. 案例融入，德技兼修

本书将立德树人作为教育的根本任务，秉承"三全育人"的育人格局，在编写过程中，通过"中国智造""中国创造""耀我中华""匠心筑梦"等实际案例，将社会主义价值理念、国家意志、文化自信、中华文明、工匠精神等内容融入教材中，潜移默化地对学生的思想意识、行为举止产生正向激励。重视学生职业生涯发展的需求，将智能制造技术应用领域的专业基础知识与生产实际案例结合，培养学生与岗位群密切相关的技能及职业素养，实现学生综合职业能力的提高。

4. 教师好教，学生易学

本书采用模块、活页式编排模式。活页式模块内容，方便教师按专业需求灵活选择教授内容，方便学生灵活使用书中的任务模块部分，以期达到教师好教、学生易学的效果。本书按照工作过程的顺序和学生自主学习的要求进行教学设计并安排教学活动，凸显"做中教、做中学"的职业教育理念，实现理论教学与实践教学融通合一、能力培养与工作岗位对接。本书内容的呈现形式经过精心构思，尽可能多地使用图表，以满足职业学校学生的认知需求。

5. 数字资源，助力教学

本书的可读性和可操作性强，编写风格简约，图文并茂。为适应"互联网+职业教育"需求，本书配有数字化教学资源，方便教师实现翻转课堂、线上线下混合式教学。

本书建议学时数为 60 学时，具体学时安排参考如下：

模块	教学内容	建议学时
1	走进智能制造	4
2	智能制造关键技术	12
3	智能制造产品全生命周期管理	16
4	智慧工厂	16
5	智能制造运营管理	12

由于编者水平有限，书中难免存在疏漏和不妥之处，恳请读者批评指正，读者意见请反馈至邮箱：841540917@ qq. com。

编 者

走进智能制造

智能制造始于 20 世纪 80 年代人工智能在制造业领域中的应用，发展于 20 世纪 90 年代智能制造技术和智能制造系统的提出，成熟于 21 世纪基于信息技术的"Intelligent Manufacturing（智能制造）"的发展。智能制造不是简单的技术突破，也不是简单的传统产业改造，而是通信技术和制造业的深度融合、创新集成。

智能制造改变了制造业中的生产方式、人机关系和商业模式。

知识目标

1. 能描述智能制造的发展历程；
2. 能描述德国工业 4.0 的特点；
3. 能阐述中国制造 2025 的内容概要。

能力目标

1. 能根据实例分析智能制造发展的必然趋势；
2. 能结合德国工业发展分析工业 4.0 对生产制造的影响；
3. 结合中国制造行业的现状阐述中国制造 2025 的必要性。

素质目标

1. 提升收集、整理资料的能力；
2. 了解各国制造业发展情况，更新与时俱进的思想观念，树立正确的价值观；
3. 增强民族自信心和自豪感，树立为中国制造发展而学习的目标。

单元 1 智能制造发展史

单元知识目标:通过学习,能描述出智能制造包含哪些技术。

单元技能目标:举出实例,描述出智能制造对传统制造的影响。

单元素质目标:了解实体经济与制造业在生活中的重要性,树立正确的价值观。

智能制造发展史	学生姓名:	班级:

 【知识学习】

一、智能制造的定义

智能制造源于人工智能的研究。一般认为智能是知识和智力的总和,前者是智能的基础,后者是指获取和运用知识求解的能力。智能制造包含智能制造技术和智能制造系统,智能制造能够在实践中不断地充实知识库,具有自学习功能,还能搜集与理解环境信息和自身信息,并进行分析判断和规划自身行为。

智能制造是将智能技术、网络技术和制造技术等应用于产品管理和服务的全过程中,并能在产品的制造过程中分析、推理、感知等,可以满足产品制造的动态需求,如图 1-1 所示。

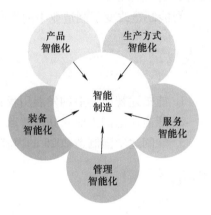

图 1-1 智能制造

二、国内外对智能制造的定义和理解

不同国家对于智能制造的定义、内涵都有所不同。

(一)美国

2011 年美国智能制造领导联盟(Smart Manufacturing Leadership Coalition,SMLC)发表了《实施 21 世纪智能制造》报告,指出智能制造是先进智能系统强化应用、新产品快速制造、产品需求动态响应,以及工业生产和供应链网络实时优化的制造。其核心技术是网络化传感器、数据互操作性、多尺度动态建模与仿真、智能自动化以及可扩展的多层次网络安全。融合从工厂到供应链的所有制造,并使得对固定资产、过程和资源的虚拟追踪横跨整个产品的生命周期。结果将是在一个柔性的、敏捷的、创新的制造环境中优化性能和效率,并且使业务与制造过程有效地串联在一起。美国智能制造的发展过程如图 1-2 所示。

图 1-2 美国智能制造的发展过程

从智能制造创新研究部门对智能制造给出的定义和智能制造要实现的目标来看,传感技术、测试技术、信息技术、数控技术、数据库技术、数据采集与处理技术、互联网技术、人工智能技术、生产管理等与产品生产全生命周期相关的先进技术均是智能制造的技术内涵。智能制造以智能工厂的形式呈现。

（二）欧洲

在欧洲各国的智能制造发展战略中，以德国于 2013 年 4 月在汉诺威工业博览会上正式推出的"工业 4.0"战略最为典型和完善。德国对智能制造的理解也是一个逐步深化的过程。工业 4.0（见图 1-3）将使生产资源形成一个循环网络，使得生产资源具有自主性、可自我调节以应对不同的形势、可自我配置等。工业 4.0 的智能产品具有独特的可识别性，可以在任何时刻被分辨出来。工业 4.0 将可能使有特殊产品特性需求的客户直接参与到产品设计、生产、销售、运作和回收的各个阶段。工业 4.0 的实施将使企业员工可以根据形势和环境敏感的目标来控制、调节和配置智能制造网络和生产步骤。

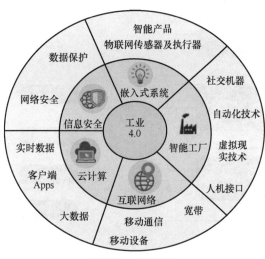

图 1-3　工业 4.0

工业 4.0 主要涵盖智能工厂、互联网络、信息安全、云计算和嵌入式系统五个方面。智能工厂包括社交机器、自动化技术、虚拟现实技术和人机接口；互联网络包含移动设备、移动通信和宽带等；云计算包括实时数据、客户端 Apps 和大数据；信息安全主要包含网络安全与数据保护；嵌入式系统包含智能产品、物联网传感器及执行器等。

工业 4.0 概念表示第四次工业革命，它意味着在产品生命周期内对整个价值创造链的组织和控制迈上新台阶，意味着从创意、订单，到研发、生产、终端客户产品交付，再到废物循环利用，包括与之紧密联系的各服务行业，在各个阶段都能更好地满足日益个性化的客户需求。所有参与价值创造的相关实体形成网络，获得随时从数据中创造最大价值流的能力，从而实现所有相关信息的实时共享。以此为基础，通过人、物和系统的连接，实现企业价值网络的动态建立、实时优化和自组织，根据不同的标准对成本、效率和能耗进行优化。工业 4.0 的典型应用如图 1-4 所示。

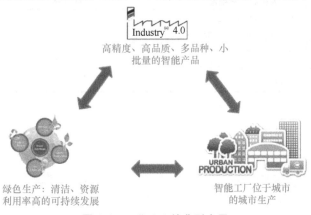

图 1-4　工业 4.0 的典型应用

（三）中国

在 2015 年工业和信息化部公布的"2015 年智能制造试点示范专项行动"中，智能制造被定义为基于新一代信息技术，贯穿设计、生产、管理、服务等制造活动各个环节，具有信息深度自感知、智慧优化自决策、精准控制自执行等功能的先进制造过程、系统与模式的总称。具有以智能工厂为载体、以关键制造环节智能化为核心、以端到端数据流为基础、以网络互联为支撑等特征，可有效缩短产品研制周期、降低运营成本、提高生产效率、提升产品质量、降低资源能源消耗。中国智能工厂如图 1-5 所示，智能制造部分的关键技术如图 1-6 所示。

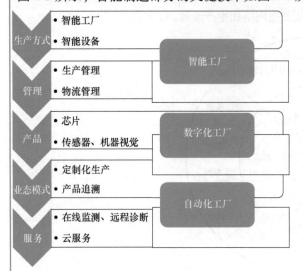

图 1-5　中国智能工厂

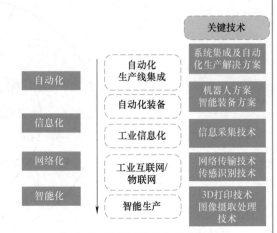

图 1-6　智能制造部分的关键技术

【任务安排】

1. 任务探究

（1）你知道的智能制造应用有哪些？请举例描述。

（2）智能制造给生活带来了哪些改变？

2. 任务评分

序号	评价内容及标准	自评分	互评分	教师评分
1	能说出智能制造包含哪些技术（2分）			
2	能说出智能制造给制造带来哪些改变（3分）			
3	美国是如何定义智能制造的（2分）			
4	在中国是如何实施智能制造的（3分）			
总分				

3. 知识归档

总结知识目录：

（1）_____

_____

　　(2)　_____

　　(3)　_____

　　(4)　_____

 小知识

智 能 机 器

　　所谓智能机器，也就是智能机器人，它给人最深刻的印象是一个独特的、可进行自我控制的"活物"。其实，这个自控"活物"的主要器官并没有像真正的人那样微妙而复杂。智能机器人具备形形色色的内部传感器和外部信息传感器，如视觉、听觉、触觉、嗅觉。除具有感受器外，它还有效应器，作为作用于周围环境的手段。这就是筋肉，或称为自整步电动机，它使手、脚、长鼻子、触角等动起来。由此可知，智能机器人至少要具备三个要素：感觉要素、运动要素和思考要素。智能机器人是一个多种高新技术的集成体，它融合了机械、电子、传感器、计算机硬件、计算机软件、人工智能等许多学科的知识，涉及当今许多前沿领域的技术。机器人已进入智能时代，不少发达国家都将智能机器人作为未来技术发展的制高点。美国、日本和德国目前在智能机器人研究领域占有明显优势。近年来，中国大力研发智能机器人，并取得了可喜的成就。

 【小结】

　　本单元主要介绍了智能制造技术、智能制造的影响，以及国内外对智能制造的不同理解。

中国制造

抓好制造业　提升影响力

　　制造业是实体经济的基础环节，中国制造业尤其是核心基础零配件、生产设备等产品质量与世界先进制造业存在较大差距。制造业是实体经济的主体，发展实体经济，重点在制造业，难点也在制造业。继机械化、电气化、自动化等产业技术革命浪潮之后，数字经济、共享经济、产业协作正在重塑传统实体经济形态，全球制造业正处于转换发展理念、调整失衡结构、重构竞争优势的关键节点。

　　围绕制造业转型升级的目标和需求，我国着重调整优化制成品进出口结构，加大先进技术设备和紧缺原材料进口，积极吸收国际技术创新辐射和先进管理经验，促进加工贸易向微笑曲线两端延伸，打造一批世界级的制造品牌，提高"中国制造"的全球影响力和竞争力。如图 1-7 所示为中国制造企业现场。

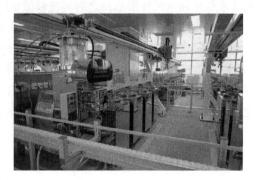

图 1-7　中国制造企业现场

　　☕ **分享时刻：** 请结合生活实际，说一下制造业在生产生活中的重要地位。

单元 2 工业 4.0

 单元知识目标：通过学习，能描述德国工业 4.0 的内涵。

单元技能目标：举出实例，能描述工业 4.0 的核心特征。

单元素质目标：了解各国制造业状况，培养制造强国、民族自信的爱国情怀。

工业 4.0	学生姓名：	班级：

【知识学习】

一、工业革命

所谓工业革命，是基于工业发展的不同阶段做出的划分，工业革命大致分为四个阶段。

工业革命开始于 18 世纪 60—70 年代，发源于英国，它是资本主义工业化的早期历程，这次革命让资本主义生产从传统的工场手工业向机器化工业过渡。18 世纪晚期，瓦特改良蒸汽机后，使得生产机械化，这次的机械化革命是以机器取代人力，以大规模工厂化生产取代个体工场手工化生产的一场生产与科技的革命，也形成了车间、工厂这种新型生产组织模式，第一次工业革命（Industry1.0）使人类进入了"蒸汽时代"。

在 19 世纪，资本主义经济高速发展，很多科学研究也取得重大进展，出现了很多新技术、新发明。1866 年，德国人西门子发明了发电机，19 世纪 70 年代发动机问世，电器替代了机器，开始了电能的应用，并广泛应用于各个领域。这次电气化革命使得很多企业建成了自动化生产线、流水线，能够大批量生产产品，工业进入大批量生产阶段。第二次工业革命（Industry2.0）使人类由"蒸汽时代"进入"电气时代"。

第三次工业革命（Industry3.0），又称为第三次科技革命，是 20 世纪 70 年代以来以原子能、电子计算机、空间技术和生物工程的发明和应用为主要标志，涉及信息技术、新能源技术、新材料技术、生物技术、空间技术和海洋技术等诸多领域的一场信息控制技术革命。此次信息化革命是人类文明史上继蒸汽技术革命和电气技术革命之后科技领域里的又一次重大飞跃，也为第四次工业革命奠定了基础。

第四次工业革命，即工业 4.0（Industry4.0）。它利用赛博物理系统（Cyber-Physical Systems，CPS）将生产中的供应、制造、销售信息数据化、智慧化，最后达到快速、有效、个人化的产品供应。它将之前的电气自动化生产向智能化转型。

工业革命的四个阶段如图 1-8 所示。

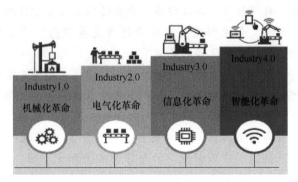

图 1-8 工业革命的四个阶段

二、工业 4.0 概述

依照目前的国际共识，工业 1.0 是蒸汽机时代，工业 2.0 是电气化时代，工业 3.0 是信息化时代，工业 4.0 则是利用信息化技术促进产业变革的时代，也就是智能化时代。

　　这个概念最早出现在德国，为了在新一轮工业革命中占领先机，在德国工程院、弗劳恩霍夫协会、西门子公司等德国学术界和产业界的建议和推动下，"工业4.0"项目在2013年4月的汉诺威工业博览会上被正式推出。这一研究项目是2010年7月德国政府发布的《德国2020高技术战略》确定的十大未来项目之一，旨在支持工业领域新一代革命性技术的研发与创新。其目的是提高制造业的智能化水平，建立具有适应性、资源效率及基因工程学的智慧工厂，在商业流程及价值流程中整合客户及商业伙伴，其技术基础是网络实体系统及物联网。

　　德国所谓的工业4.0，是通过CPS实现物理世界在数字世界的精确映射，打造"数字孪生"，实现物理实体与数字虚体之间的互联、互通、互操作，最终将智能机器、存储系统和生产设施融入整个生产系统中，人、机、料等能够相互独立地自动交换信息、触发动作和自主控制，实现一种智能的、高效的、个性化的、自组织的生产与服务方式，推动制造业向智能化转型。物联网及服务将应用于制造行业，工业4.0包括将虚拟网络-实体物理系统技术一体化应用于制造业和物流行业，以及在工业生产过程中使用物联网和服务技术。这将对价值创造、商业模式、下游服务和工作组织产生影响。CPS在工业4.0中的位置如图1-9所示。

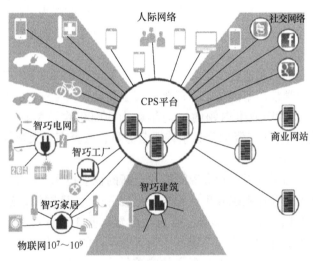

图 1-9 　CPS 在工业 4.0 中的位置

（一）工业 4.0 的巨大潜力

1. 满足用户个性化需求

　　工业4.0允许在设计、配置、订购、规划、制造和运作等环节考虑个体和客户的特殊需求，而且即使在最后阶段仍能变动。在工业4.0中，有可能在一次性生产且产量很低（批量）的情况下仍能获利。

2. 灵活性

　　基于CPS的自组织网络可以根据业务过程的不同方面，如质量、时间、风险、鲁棒性、价格和生态友好性等，进行动态配置。这有利于原料和供应链的连续"微调"，也意味着工程流程可以更加灵活，制造工艺可以被改变，暂时短缺（如供应问题）可以得到补偿，输出的大量增加可以在短时间内实现。

3. 决策优化

　　为了在全球市场上取得成功，在短时间内能够做出正确决定变得越来越关键。工业4.0提供了端到端的实时透明，使得工程领域的设计决策可以进行早期验证，并且既可以对干扰做出更灵活的反应，还可以对生产领域中公司的所有位置进行全局优化。

4. 资源生产率和利用效率

　　工业制造过程的总体战略目标仍然适用于工业4.0。在给定资源量（资源生产率）的前提下，得到尽可能高的产品输出，使用尽可能低的资源量达到指定的输出（资源利用效率）。CPS在贯穿整个价值网络的各个环节基础上，对制造过程进行优化。此外，系统可就生产过程中的资源和能源消耗或降低排放进行持续优化，而不是停止生产。

5. 通过新的服务创造价值机会

工业 4.0 开辟了创造价值的新途径和就业的新形式，如通过下游服务。智能算法可用于各种大量数据（大数据），这些数据是为了提供创新服务而由智能设备所记录的。尤其是对于中小企业和初创公司来说，有显著的机遇发展 B2B（企业对企业）服务。

6. 应对工作场所人口的变化

通过工作组织和能力发展计划相结合，人与技术系统之间的互动合作将为企业提供新的机会，将人口变化转化为自身的优势。面对熟练劳动力的短缺和日益多样化的劳动力（如年龄、性别和文化背景），工业 4.0 将提供灵活多样的职业路径，让人们的工作生涯更长，并且保持生产能力。

7. 工作和生活的平衡

使用 CPS 的公司具有更加灵活的工作组织模式，意味着它们可以很好地满足员工不断增长的需求，让员工在工作与私人生活之间，以及个人发展与持续的职业发展之间实现更好的平衡。例如，智能辅助系统将提供新的组织工作的机会，即提供一种灵活的新标准以满足公司的需要和员工个人的需求。随着劳动力规模的缩减，CPS 公司在招聘最优秀员工方面将具备明显优势。

8. 高工资仍然具有竞争力

随着工业 4.0 战略的实施，制造业技工需求量增大，每年有 65% 的初中毕业生放弃读高中继而读大学的道路，直接进入职业学校。德国技工工资普遍高于社会平均工资，技校毕业生的工资几乎普遍比大学毕业生的工资高，大学毕业生白领的平均年薪为 30000 欧元左右，而技工的平均年薪则是 35000 欧元左右，不少行业的技工工资远远高于普通公务员，甚至高过大学教授。

（二）工业 4.0 的核心特征

工业 4.0 将在制造领域的所有因素和资源间形成全新的社会技术互动水平。它将使生产资源（生产设备、机器人、传送装置、仓储系统和生产设施）形成一个循环网络，这些生产资源将具有以下特性：自主性、可自我调节以应对不同形势、可自我配置、基于以往经验、配备传感设备、分散配置，同时，它们也包含相关的计划与管理系统。作为工业 4.0 的一个核心组成，智能工厂将渗透到公司间的价值网络中，并最终促使数字世界和现实的完美结合。智能工厂以端对端的工程制造为特征，这种端对端的工程制造不仅涵盖制造流程，同时也包含了制造的产品，从而实现数字和物质两个系统的无缝融合。智能工厂将使制造流程的日益复杂性对于工作人员来说变得可控，在确保生产过程具有吸引力的同时使制造产品在都市环境中具有可持续性，并且可以盈利。

工业 4.0 中的智能产品具有独特的可识别性，可以在任何时候被分辨出来。甚至当产品在被制造时，就可以知道整个制造过程中的细节。在某些领域，这意味着智能产品能半自主地控制生产的各个阶段。此外，智能产品也有可能确保它们在工作范围内发挥最佳作用，同时在整个生命周期内随时确认自身的损耗程度。这些信息可以汇集起来供智能工厂参考，以判断工厂是否在物流、装配和保养方面达到最优，当然，也可以应用于商业管理应用的整合。

在未来，工业 4.0 将有可能使有特殊产品特性需求的客户直接参与到产品的设计、构造、预订、计划、生产、运作和回收各个阶段。

 【任务安排】

1. 任务探究

（1）你听说过工业 4.0 吗？在哪里听到的？

（2）工业 4.0 会给制造业带来哪些改变?

2. 任务评分

序号	评价内容及标准	自评分	互评分	教师评分
1	能说出什么是工业 4.0（2 分）			
2	能说出德国工业 4.0 指的是什么（2 分）			
3	能说出工业 4.0 有哪些巨大的潜力（3 分）			
4	能说出工业 4.0 的核心特征（3 分）			
	总分			

3. 知识归档

总结知识目录:

（1）_____

_____

（2）_____

_____

（3）_____

_____

（4）_____

_____

⭐ 小知识

工业 4.0 在中国的现状如图 1-10 所示。

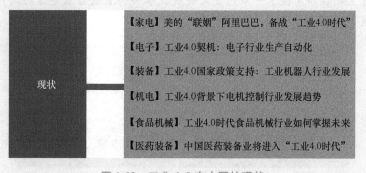

【家电】美的"联姻"阿里巴巴，备战"工业4.0时代"

【电子】工业4.0契机：电子行业生产自动化

【装备】工业4.0国家政策支持：工业机器人行业发展

【机电】工业4.0背景下电机控制行业发展趋势

【食品机械】工业4.0时代食品机械行业如何掌握未来

【医药装备】中国医药装备业将进入"工业4.0时代"

图 1-10　工业 4.0 在中国的现状

 【小结】

本单元主要介绍了工业革命的 4 个阶段和特点，工业 4.0 的潜力，以及工业 4.0 的核心特征。

中国
制造

中国制造

中国制造（Made in China，Made in PRC）是世界上认知度非常高的标签，中国制造是一个全方位的商品，它不仅包括物质成分，也包括文化成分和人文内涵。

中国制造在进行物质产品出口的同时，也将人文文化和国内的商业文明连带出口到国外。中国制造的商品在世界各地都有分布。从"中国制造"到"中国创造"，中国正改变世界创新版图。

多年来，中国产品以"来料加工""来样制造"为主，因为"简单重复、缺乏思考"，"中国制造"一度被贴上"低端"标签，随着高速铁路等一件件国之重器不断出现，改变了外界这一刻板印象，高品质"中国制造"走向世界。

全世界都在想方设法开拓新能源，但新能源大规模集中开发中的控制、调度是世界性难题。国家电网公司的"国家风光储输示范工程"是集风力发电、光伏发电、储能系统、智能输电于一体，综合开发利用新能源的创新工程，为解决世界性难题提供了"中国方案"，贡献了"中国智慧"，如图 1-11 所示。

中国高铁被誉为"世界第一速度"。随着列车运行速度的提高，要求齿轮传动系统轻量化，克服温度的升高。以往，为国内高铁动车配套的齿轮传动系统全部被德国和日本公司垄断。中车戚墅堰机车车辆工艺研究所有限公司的"高铁列车高可靠性齿轮传动系统研发及产业化"项目在这方面的突破，实现了中国高铁列车齿轮传动系统的全面自主研制，替代了进口产品，占领了世界高铁技术的制高点。全面自主研制的中国高铁列车齿轮传动系统如图 1-12 所示。

图 1-11　新能源大规模集中开发

图 1-12　全面自主研制的中国高铁列车齿轮传动系统

从可以上天的运载火箭到驰骋海洋的航母工程，从绿色低碳到智能制造，从一枚芯片到一片药剂，"天问一号"火星着陆，中国载人航天实现从无人试验到载人飞天、从单船飞行到多器对接组合飞行等重大跨越，自主突破和掌握了一系列重大关键技术……首艘自主建造的国产航母山东舰与天问一号祝融火星车如图 1-13 所示。

a) 山东舰　　　　　　　　　　　b) 天问一号祝融火星车

图 1-13　山东舰与天问一号祝融火星车

我们看到了中国制造的飞跃，看到了大国工业中的创新与匠心、精神与情怀。工业强则中华强，产业兴则民族兴。

　分享时刻：请结合所见所闻，谈一下有哪些中国制造让你感到自豪。

单元 3　中国制造 2025

单元知识目标： 能说出中国制造 2025 与工业 4.0 的异同。

单元技能目标： 举出实例，说出智能制造标准的对象、边界、各部分的层级关系和内在联系。

单元素质目标： 增强民族制造业自信，进一步树立为中国制造发展而学习的目标。

中国制造 2025	学生姓名：	班级：

  【知识学习】

2015 年 5 月，《中国制造 2025》正式发布，它是中国实施制造强国战略第一个十年的行动纲领。

时任工业和信息化部部长苗圩在接受媒体采访时表示，德国的"工业 4.0"和"中国制造 2025"，从大的方向上来说，是不谋而合、异曲同工的。二者相同的地方，就是实现信息技术和先进制造业的结合，或者是互联网+先进制造业的结合，带动整个新一轮制造业发展。

新中国成立尤其是改革开放以来，我国制造业持续快速发展，建成了门类齐全、独立完整的产业体系，有力推动了工业化和现代化进程，综合国力显著增强，跻身世界大国行列。然而，与世界先进水平相比，中国制造业仍然大而不强，在自主创新能力、资源利用效率、产业结构水平、信息化程度、质量效益等方面差距明显，转型升级和跨越发展的任务紧迫而艰巨。

《中国制造 2025》由百余名院士专家着手制定，为中国制造业未来 10 年设计顶层规划和路线图，通过努力实现中国制造向中国创造、中国速度向中国质量、中国产品向中国品牌的三大转变，推动中国到 2025 年基本实现工业化，迈入制造强国行列。

中国智能制造参考架构模型结合智能制造技术架构和产业结构，从系统架构、价值链和产品生命周期三个维度构建了智能制造标准化参考模型，这有利于认识和理解智能制造标准的对象、边界、各部分的层级关系和内在联系，如图 1-14 所示。

"中国制造 2025"系统架构图如图 1-15 所示。

中国智能制造系统架构模型最底层的总体要求包括基础、安全、管理评价和可靠性等，以支撑智能制造急需解决的通用标准和技术。

第一个层次是智能制造中关键的技术装备，这一层次的重点不在于装备本身而更侧重于装备的数据格式和接口的统一。

第二个层次是工业互联网，包括工业网络技术、核心软件和平台技术、安全保护体系、评测等。

第三个层次是智能工厂，包括工厂体系架构、制造系统互操作性、诊断/维护与优化等，依据自动化与 IT 的作用范围划分为工业控制和生产经营管理两部分。工业控制包括 DCS、PLC、FCS 和 SCADA 等工控系统，在各种工业通信协议、设备行规和应用行规的基础上，实现设备及系统的兼容与集成。生产经营管理在 MES 和 ERP 的基础上，将各种数据和资源融入全生命周期管理，同时实现节能与工艺优化。

第四个层次实现制造新模式，通过云计算、大数据和电子商务等互联网技术，实现离散型智能制造、流程型智能制造、个性化定制、网络化协调制造与远程运维服务等制造新模式。

第五个层次是服务型制造，包括个性化订制、远程服务、网络众包和电子商务等。

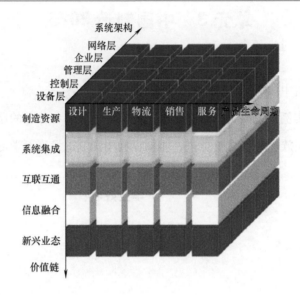

图 1-14 中国智能制造参考架构模型

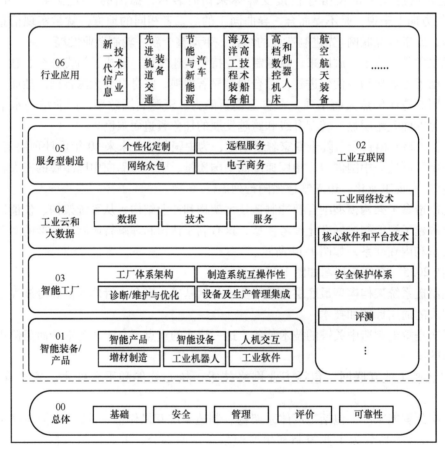

图 1-15 "中国制造 2025" 系统架构图

第六个层次是上述层次技术内容在典型离散制造业和流程工业中的实现与应用。

"中国制造 2025" 可以概括为 "一二三四五五十" 的总体结构。

"一",就是从制造业大国向制造业强国转变,最终实现制造业强国的一个目标。

"二",就是通过两化融合发展来实现这一目标。党的十八大提出了用信息化和工业化两化深度融合来引领和带动整个制造业的发展，这也是我国制造业所要占据的一个制高点。

"三"，就是要通过"三步走"战略，大体上每一步用十年左右的时间来实现我国从制造业大国向制造业强国转变的目标。

"四"，就是确定了四项原则。第一项原则是市场主导、政府引导。第二项原则是既立足当前，又着眼长远。第三项原则是全面推进、重点突破。第四项原则是自主发展和合作共赢。

"五五"，就是有两个"五"。第一个"五"就是有五条方针，即创新驱动、质量为先、绿色发展、结构优化和人才为本。第二个"五"就是实行五大工程，包括制造业创新中心建设的工程、强化基础的工程、智能制造工程、绿色制造工程和高端装备创新工程。

"十"，就是十大领域，包括新一代信息技术产业、高档数控机床和机器人、航空航天装备、海洋工程装备及高技术船舶、先进轨道交通装备、节能与新能源汽车、电力装备、农机装备、新材料、生物医药及高性能医疗器械十个重点领域。

 【任务安排】

1. 任务探究

（1）制造业在国民经济中的地位。

（2）"中国制造 2025"对制造业的影响。

（3）"中国制造 2025"的总体结构。

2. 任务评分

序号	评价内容及标准	自评分	互评分	教师评分
1	能说出《中国制造 2025》的发布时间（2 分）			
2	能说出"中国制造 2025"与工业 4.0 的相似之处（2 分）			
3	能认识和理解智能制造标准的对象、边界、各部分的层级关系和内在联系（3 分）			
4	能说出"中国制造 2025"的总体结构（3 分）			
总分				

3. 知识归档

总结知识目录：

（1）_____

_____

（2）_____

_____

（3）_____

_____

⭐ 小知识

"中国制造 2025" 与德国工业 4.0、美国智能制造的对比见表 1-1。

表 1-1　中国制造 2025 与德国工业 4.0、美国智能制造的对比

类别	中国制造 2025	德国工业 4.0	美国智能制造
发起者	工信部牵头，中国工程院起草	联邦教研部与联邦经济技术部资助，德国工程院、弗劳恩霍夫协会、西门子公司建议	智能制造领袖联盟-SMLC，26 家公司，8 个生产财团，6 所大学和 1 个政府实验室组成
发起时间	2015 年	2013 年	2011 年
定位	国家工业中长期发展战略	国家工业升级战略，第 4 次工业革命	美国"制造业回归"的一项重要内容
特点	信息化和工业化的深度融合	制造业和信息化的结合	工业互联网革命，倡导将人、数据和机器连接起来
目的	增强国家工业竞争力，在 2025 年迈入制造业强国行列，建国 100 周年时占据世界强国的领先地位	增强国家制造业竞争力	专注于制造业、出口、自由贸易和创新，提升美国竞争力
主题	互联网+、智能制造	智能工厂、智能生产、智能物流	智能制造
实现方式	通过智能制造、带动产业数字化水平和智能化水平的提高	通过价值网络实现横向集成、工程端到端数字集成横跨整个价值链、垂直集成和网络化的制造系统	以"软"服务为主，注重软件、网络、大数据等对于工业领域的服务方式的颠覆
实施进展	规划出台阶段	已在某些行业实现	已在某些行业实现
重点技术	制造业互联网化	GPS	工业互联网
实施途径	已提出目标，没有列出具体实施途径	有部分具体途径	有具体途径

 【小结】

本单元主要介绍了"中国制造 2025"的内容、中国智能制造参考架构模型、"中国制造 2025"的系统架构，以及"中国制造 2025"的内涵。

 必经之路——中国制造到中国智造
★

制造业是国民经济的主体，是立国之本、兴国之器、强国之基。为了应对新一轮科技革命和产业变革，国务院自 2015 年 5 月起，就已相继出台了一系列规划：《中国制造 2025》《新一代人工智能发展规划》《高端智能再制造行动计划（2018—2020）》《"互联网+"行动计划》。一个共同的指向就是：制造业要走向数字化、网络化、智能化，企业要迈向智能工厂。

2019 年年底，新型冠状病毒感染按下了全球制造业发展的"暂停键"，给全球的制造业带来了巨大的损失，也给中国智能制造带来了新的挑战，让我们更加警醒地认识到，智能制造对中国制造业"新全球化""智能产业化""产业智能化"的重要性和紧迫性。中国作为世界制造工厂，制造业的占

比很高，而且劳动密集的中小企业和出口企业众多，这次疫情导致制造业产业链可能产生暂时性断裂，不仅影响着中国经济，还牵动着全球产业链的神经。

在这一特殊时期，人们赋予智能制造及其装备与产品更高的期待，智能制造产业迎来一次巨大的发展机遇与挑战。

一方面，疫情的巨大冲击不仅对无人工厂、智能工厂的发展，无接触检测机器人、应急响应智能机器人等起到强大的助推作用，也推动了教育、零售、医疗等行业甚至种、养殖业向无人化和智能化发展，带动了社会资本向智能制造的投入。

另一方面，疫情促使产品需求和消费方式更加智能化。防疫期间，无论是学习娱乐还是产品采购定制等，传统模式几乎无法进行，智能化消费成为中国消费的主流和热点。疫情之后，5G技术的发展会进一步推动社会生活的智能化，智能制造的市场规模将继续扩大。

疫情等因素倒逼传统制造业转型，制造型企业将更加积极主动地推动智能制造，摆脱传统人力手工对产能和效率的束缚，改变目前传统生产方式与产业形态，加速企业生产向数字化、自动化、智能化转型。

企业的竞争是人才、技术、成本的竞争。当各种各样的智能产品摆上了货架，悄无声息地来到你身边的时候，当同行在智能工厂里以高效率、高柔性的装备，快速响应客户个性化需求的时候，传统企业将被远远甩在后面。企业为了获取可持续发展的竞争优势，就必须建造智能工厂。

智能制造已成为我国建设制造强国的主攻方向，加快发展智能制造解决方案是推动中国制造迈向高质量发展、形成国际竞争新优势的必经之路。中国制造企业必须通过数字化转型提升产品创新与管理能力，提质增效，从而赢得竞争优势。

"中国制造2025"通过"三步走"实现制造强国的战略目标，如图1-16所示。

图1-16　"中国制造2025"通过"三步走"实现制造强国的战略目标

☕ **分享时刻：** 请结合新型冠状病毒感染期间所见所闻，谈一下智能制造如何使生活变得更好了。

模块 2
智能制造关键技术

在智能制造关键技术中，赛博物理系统及工业互联网侧重于硬件与软件系统搭建，属于基础层面；工业机器人、3D打印技术和传感技术侧重于执行设备和技术，属于执行层面；大数据与云计算侧重于信息处理，属于信息处理层面；虚拟现实技术侧重于产品设计与体验层面；信息安全技术侧重于信息管理，属于附加层面。

智能制造关键技术之间是息息相关的，制造企业应当渐进式、理性地推进智能制造技术的应用。

知识目标

1. 掌握智能制造关键技术的概念；
2. 能说出智能制造关键技术的参数；
3. 掌握智能制造关键技术构建模型的方法。

能力目标

1. 能举出智能制造关键技术运用的具体实例；
2. 能根据实例说出智能制造关键技术的特点；
3. 结合行业状况，分析智能制造关键技术面临的机遇和挑战。

素质目标

1. 提升收集、整理资料的能力，以及分析问题的能力；
2. 形成创新思维，提升分析与解决问题的能力；
3. 增强民族自信心和自豪感，树立为中国制造发展而学习的目标。

单元 1 走进赛博物理系统（CPS）

 单元知识目标： 能说出赛博物理系统的定义、特征及结构。

单元技能目标： 能设计并构建赛博物理系统的模型。

单元素质目标： 信息技术助推中国智能制造发展，提升综合国力。

任务 1 认识赛博物理系统	学生姓名：	班级：

【知识学习】

一、赛博物理系统的概念

工业 4.0 作为德国政府提出的一个战略计划，研究表明以赛博物理系统（CPS）为核心，旨在实现全生命周期内的制造单元自动控制，推进制造业向智能化转型的工业 4.0 将会引领制造业的下一代变革，制造业发展趋势如图 2-1 所示。

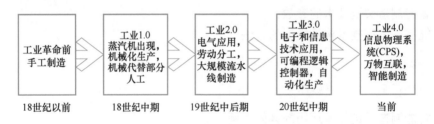

图 2-1 制造业发展趋势

赛博物理系统也称为信息物理系统（CPS），是基于环境感知深度融合了计算机技术、通信技术和控制技术（统称 "3C" 技术）的可扩展网络化的物理设备系统，通过人机接口实现与物理进程的信息交换，能实现深度融合和实时交互来扩展新的功能。其本质是开放的嵌入式系统加上网络和控制功能，核心是 3C 技术的融合，自主适应物理环境的变化。赛博物理系统的结构如图 2-2 所示。

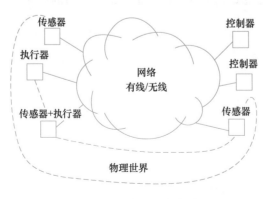

图 2-2 赛博物理系统的结构

二、赛博物理系统的应用

赛博物理系统已经在国家电网、智能交通和环境监控等诸多领域得到了应用，并产生了积极的经济价值，体现了其技术上的优势。2008 年，美国国家自然科学基金会召开的赛博物理系统峰会中特别提出了赛博物理系统在表 2-1 所列几个领域广阔的应用前景。

表 2-1　赛博物理系统的应用领域

应用领域	技术优势
交通运输	1）飞行器耗能更少，飞得更快、更远 2）飞行控制系统的设计更有效地利用了空间航线资源 3）汽车耗能更少，功能更强、更安全
国防	功能更强的防御系统，自治车辆的网络国防化编队
能源和工业自动化	1）可再生能源的开发 2）工业自动化、车辆、办公室及家庭设备运行效率更高，操作更方便
健康和生物医疗	1）家庭保健服务，功能更强的生物医疗设施 2）健康和生物医疗设备如新一代人造器官，拥有更高自动化水平和扩展功能的网络化生物医疗系统
农业	1）节能技术的开发 2）设备自动化程度更高 3）生物工程闭环加工 4）资源与环境的最优农业化利用 5）食品更安全
国家基础设施	1）高速公路容量更大，运行调度更安全 2）国家电网等基础设施更便利可靠，设备运行效率更高

总之，赛博物理系统作为 21 世纪的工业技术基础，将被应用于很多领域，为这些领域的产品开发、技术改进提供更多的机会。

三、赛博物理系统面临的挑战与展望

发展赛博物理系统的首要壁垒是指导理论的缺乏，建立赛博物理系统理论已经成了相关学科领域的重要而急切的研究课题。另外，赛博物理系统的设计方法和设计工具的开发等问题也需要努力解决。赛博物理系统的研究上面临着巨大的挑战，具体可总结为以下几个方面，如图 2-3 所示。

图 2-3　CPS 面临的挑战示意图

赛博物理系统的研究将给 21 世纪的工业带来革命性的发展。一方面，由于计算机学科、控制学科和通信学科研究理论和方法上的异质性，导致了赛博物理系统各个组成部分之间的无缝集成成为需要解决的难题，带来了挑战。另一方面，赛博物理系统广阔的应用前景及能够给生活和工业带来的诸多好处，使得许多国家、企业、科研单位纷纷加入到赛博物理系统研究的队伍中来。社会经济发展的需要，国家之间对科技的竞争都将使得赛博物理系统成为当前及未来数年的研究热点。

【任务安排】

1. 任务探究

（1）赛博物理系统的结构包含哪几部分？

（2）赛博物理系统的特征是什么？

（3）赛博物理系统的基础是什么？

（4）简述赛博物理系统的应用与前景。

2. 任务评分

序号	评价内容及标准	自评分	互评分	教师评分
1	能说出赛博物理系统的定义（1分）			
2	能说出赛博物理系统的特征（2分）			
3	能说出赛博物理系统的结构（3分）			
4	知道赛博物理系统的核心技术（3分）			
5	了解赛博物理系统的应用及前景（1分）			
总分				

3. 知识归档

总结知识目录：

（1）_____

（2）_____

（3）_____

 【小结】

本节主要介绍了赛博物理系统的概念、特征和结构，赛博物理系统的核心技术，以及赛博物理系统的应用及前景。

任务 2　构建赛博物理系统模型	学生姓名：	班级：

【知识学习】

一、赛博物理系统的组件及其协同模型

赛博物理系统的基本组件包括传感器、执行器和决策控制单元，结合闭环反馈控制结构构成基本功能逻辑单元，执行 CPS 最基本的监测和控制功能。赛博物理系统基本组件连接图如图 2-4 所示。

（1）传感器组件：其连续状态表示监测的物理环境或实体的属性值随着时间的变化，事件接口有两类：传感器初始化事件接口和数据输出接口。初始化事件接口主要由被控对象状态或环境变化而触发；数据输出接口由计时器触发。在两类事件的共同作用下，传感器输出信号 E_{cu}。

（2）决策控制单元组件：其连续状态表示不同时间加工生成的事件，事件接口用于触发各计算子单元协同数据的存储或计算。传感器输出信号 E_{cu}，触发决策控制单元进行处理，生成执行信号 E_{act} 到相应执行器，触发相应执行器执行物理操作。

（3）执行器组件：其连续状态表示被控对象属性值随执行物理状态和时空属性的变化。事件接口由计算单元加工生成的事件 E_{act} 触发，驱动执行器活动来改变物理能或形状等。当执行器使得被控对象状态发生变化时，产生信号 E_{sen}，触发相应传感器执行监测活动，从而形成闭环。

赛博物理系统是计算进程与物理世界的反馈循环和深度融合。基本组件连接如图 2-4 所示。

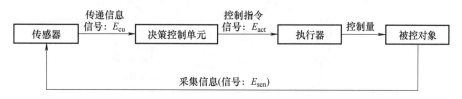

图 2-4　赛博物理系统基本组件连接图

在基于事件驱动的 CPS 行为模型中，实现 CPS 系统组件的协同。这种组件协同方式屏蔽了组件间的通信，组件间的交互主要通过协同器实现，有利于实现系统组件的动态调整。赛博物理系统协同作业组件连接如图 2-5 所示。

二、赛博物理系统的结构

赛博物理系统是由众多异构元素构成的复杂系统，对于不同行业的应用，通常需要构建不同的系统结构。从技术实现的角度，一般可以将 CPS 系统分为物理层（PL）、网络层（NL）和应用层（AL）三层结构，如图 2-6 所示。

（1）物理层：CPS 系统的基础，是联系物理与虚拟信息的纽带。物理层是直接与物理世界交互的部分，CPS 通过物理层感知环境，又通过其作用于环境而改变环境。

（2）网络层：将物理层大量异构 CPS 单元实现互联互通，并支持 CPS 单元之间的互操作。网络层是 CPS 实现资源共享的基础。CPS 网络要屏蔽物理层 CPS 单元的异构性，实现无缝对接，为应用层提供资源共享的基础网络。

（3）应用层：面向用户的一体化平台，该层将网络层和网络层的详细信息封装成为不同的应用模块，客户可以方便又快捷地处理信息。

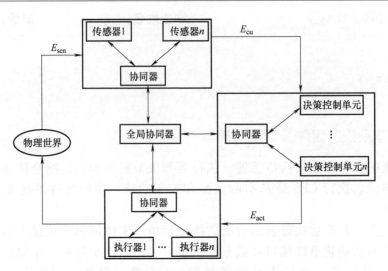

图 2-5 赛博物理系统协同作业组件连接图

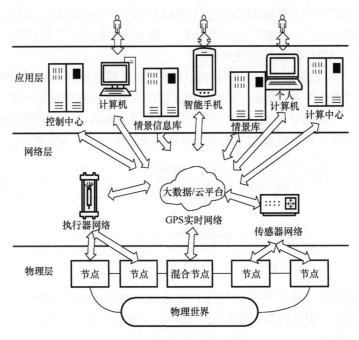

图 2-6 赛博物理系统的结构

三、赛博物理系统的调度模式

赛博物理系统的主要研究方向是对节点操作系统的研究。这类操作系统支持传感器网络,节点设备因计算能力有限、带电量小、体积小、内存有限等特点,对嵌入式操作系统提出了更高的要求。现有传感网络的应用中,开发人员通过节点操作系统来简化上层应用程序的设计与开发。

(一)管理模式

一个程序的工作可以划分为概念上独立的任务,每个任务都将封装一个控制流,所有任务都可以访问相关的共享状态变量。根据对控制流的管理方式,将管理模式分为两大类:任务管理模式和栈管理模式,如图 2-7 所示。

(二)编程模式

对无线传感网节点操作系统来说,很重要的问题是如何有效利用系统资源来管理当前任务。当前

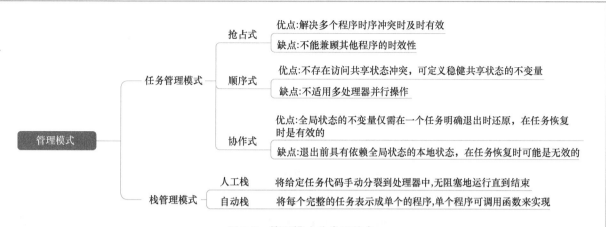

图 2-7　管理模式分类及特点

的节点操作系统任务管理模型分为事件驱动系统和多线程系统两类。

1. 事件驱动编程模式

应用程序由事件处理器构成，程序员需要注册相应的事件处理器，相应内部或外部事件。事件驱动系统通常是实现协作式任务管理的常用方法。

2. 多线程编程模式

每个并发线程都需要固定大小的内存空间来存放自己的栈，运行直到结束，不需要明确的同步来避免共享资源访问冲突，使得控制流更加直观。

事件驱动编程模式与多线程编程模式示意图如图 2-8 所示。

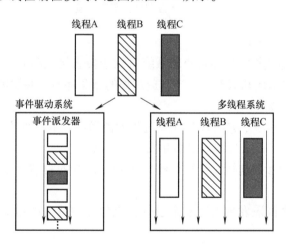

图 2-8　事件驱动编程模式与多线程编程模式

传统的并发编程使用的是抢占式任务管理，并且利用一个标准语言的自动栈管理，即多线程编程模式。多线程编程模型合并了抢占式任务管理与自动栈管理；事件驱动编程模型合并了协作式任务管理与人工栈管理。

通过返回控制权给事件调度器来退出控制，人工模式进行事件驱动编程，将找到协作式任务管理与自动栈管理相结合的方式，该方式称作最佳点。

在管理模式下的编程模式如图 2-9 所示。

事件任务采用分阶段作业的方式，通常任务很短，保持了系统的响应性，因此事件调度器的优先级要高于线程调度器，适合处理紧急任务，在系统中没有等待处理的事件时才去调度线程，基于混合编程模型的混合调度体系总体设计如图 2-10 所示。

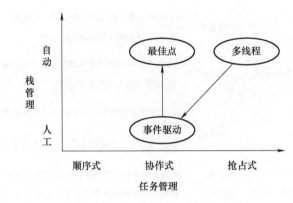

图 2-9　在管理模式下的编程模式

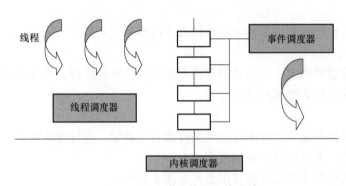

图 2-10　混合调度体系总体设计

（三）完成调度需考虑的因素

在数字化车间中，总线型多 CPS 协同处理系统将制造要素接入车间层的 CPS 系统中，将整个制造显性化，依据该系统能清晰地知道整个生产制造过程的瓶颈环节，并发进行优化处理。CPS 系统完成调度应考虑的因素主要有以下四条：

（1）考虑物理过程的连续性、并发性与计算过程的离散型、顺序性之间的本质区别，机器/设备语言要适应计算模型串行执行语义与物理模型并发语义的融合。

（2）要考虑物理过程的参数选择对计算过程的影响，连续的物理过程时间步长的选择对计算模型行为分析的影响。

（3）应预防在有限时间间隔发生无穷多个事件，类似颤动行为的情况出现，这种行为称为芝诺悖论[⊖]。

（4）应考虑具体领域的特性，具体应用领域已有相关比较成熟的物理控制模型，如何将这些模型和计算模型有效融合，实现特定 CPS 应用系统的建模。

 【任务安排】

1. 任务探究

（1）赛博物理系统组件由哪几部分构成？画出其协同模型。

（2）赛博物理系统的结构是什么？请填写表 2-2。

⊖　古希腊数学家芝诺提出一系列关于运动的不可分型的哲学悖论。

表 2-2　赛博物理系统的结构

结构	名称	特点
1		
2		
3		

（3）赛博物理系统的调度模式是什么？

2. 任务评分

序号	评价内容及标准	自评分	互评分	教师评分
1	能说出赛博物理系统组件（3分）			
2	能说出并画出赛博物理系统协同模型（2分）			
3	能说出赛博物理系统的结构（4分）			
4	能了解赛博物理系统的调度模式（1分）			
	总分			

3. 知识归档

总结知识目录：

（1）_____

（2）_____

（3）_____

⭐ **小知识**

智能制造的核心 CPS

"中国制造 2025"提出，"基于信息物理系统（赛博物理系统）的智能装备、智能工厂等智能制造正在引领制造方式变革"，要围绕控制系统、工业软件、工业网络、工业云服务和工业大数据平台等，加强信息物理系统的研发与应用。国务院印发的《关于深化制造业与互联网融合发展的指导意见》中明确提出，"构建信息物理系统参考模型和综合技术标准体系，建设测试验证平台和综合验证试验床，支持开展兼容适配、互联互通和互操作测试验证"。

【小结】

本节主要讲了赛博物理系统的基本组件、协同模型，赛博物理系统的三层结构，以及赛博物理系统的调度模式。

本单元内容为物联网相关技术及专业的学习打下了基础。

 人工智能（AI）助推中国智能制造

基于 AI（Artificial Intelligence）的智能工厂总体架构分为三层：企业数字化平台、智能技术平台和应用场景。

企业数字化平台是实现智能制造的基础。首先，生产装备、仓储物流装备要实现数字化，安装各种传感器、控制装置、数据采集装置、智能芯片，通过物联网平台实现万物互联，采集大量的设备及产品工艺运行参数，为优化控制提供数据。通过一系列工业软件（如研发设计软件，生产经营管理软件，MES）实现产品设计、工艺设计数字化，经营管理和生产制造过程的数字化。所有上述数据通过大数据平台、企业知识图谱、专家系统进行清洗、分类、存储，为人工智能的应用提供基础数据。

智能技术平台是实现智能制造的工具。如今，有大批人工智能企业开发出一系列人工智能通用工具、软件、产品、人工智能开源开放平台。制造企业要购买这些成熟的产品，充分利用这些开源开放平台，将其应用于不同的优化场景。这些产品如图形识别、人脸识别、声音识别、自然语言交互、人机交互、机器学习、深度学习、增强学习、决策分析、人工智能操作系统等。

应用场景是 AI 在智能制造中的落地。应用企业数字化平台产生的大量数据，根据不同的应用场景，选择人工智能的工具、模型、算法，从而实现人工智能技术在智能设计、智能产品、智能经营、智能生产、智能服务、智能决策中的应用。

拥抱人工智能，实现企业转型升级。AI 技术在制造业的应用是制造业转型升级的永恒主题，是提高企业核心竞争能力、实现转型升级的必由之路，如图 2-11 所示。

图 2-11　AI 在制造业中的应用

分享时刻：请查阅资料并结合案例说一下信息技术助推智能制造的特点。

单元 2　走进工业互联网

📎 **单元知识目标：** 能说出工业互联网的定义、构成及核心要素。

🖥 **单元技能目标：** 能设计并构建工业互联网平台的模式。

⚙ **单元素质目标：** 形成模型设计思路，提升分析与解决问题的能力。

任务 1　认识工业互联网	学生姓名：	班级：

 【知识学习】

一、工业互联网（Industrial Internet）的概念

随着万物互联时代的到来，我国经济发展更加多元化。工业互联网是实现制造业数字化、网络化、智能化的重要载体，发展工业互联网对于促进制造业转型升级、拓展数字经济新空间、推进制造强国和网络强国建设都具有非常重要的意义。

工业互联网的概念最初由美国通用电气公司于 2012 年在《工业互联网：打破智慧与机器的边界》白皮书中提出，其核心是通过自动化、数字化、网络化和智能化等技术手段优化资源配置、提升劳动生产率、重构全球工业体系。其本质是以云平台为载体、以工业系统为基础，通过链接、共享、协同等机制，整合跨领域、跨区域的分布式资源和能力，以云化的方式提供优质、及时和低成本的服务，精准对接和满足客户需求。

工业互联网是指全球工业系统与高级计算、分析、感应技术及互联网连接融合的结果。它是全球工业系统与高级计算、分析、传感技术及互联网的高度融合，推动制造业实现人、事、物的联系。工业互联网与物联网、智能设备、智能决策、智能数据密不可分，如图 2-12 所示。

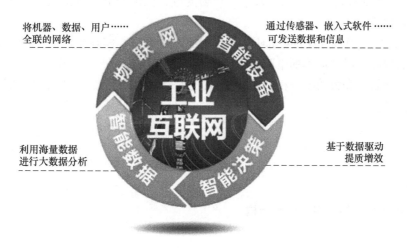

将机器、数据、用户……
全联的网络

通过传感器、嵌入式软件……
可发送数据和信息

利用海量数据
进行大数据分析

基于数据驱动
提质增效

图 2-12　工业互联网示意图

二、工业互联网的体系

工业互联网结合传统工业全流程革命和信息通信技术革命应运而生，工业互联网平台面向制造业

数字化、网络化、智能化需求，构建基于海量数据的采集、汇聚、分析和服务的体系。工业互联网的体系示意图如图2-13所示。

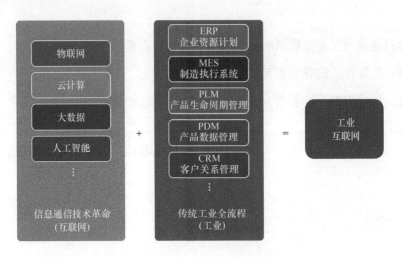

图 2-13　工业互联网的体系示意图

工业大数据是工业数据的总称，包括信息化数据、物联网数据及跨界数据，是工业互联网的核心要素。

工业互联网通过大数据实现人、机器、产品和业务系统的泛在连接，建立面向工业大数据存储、管理、建模和分析的赋能使能开发环境，将工业研发设计、生产制造、经营管理等领域的知识显性化、模型化、标准化，并封装为面向监测、诊断、预测和决策的各类应用服务，实现制造资源在生产制造全过程、全价值链和全生命周期的全局优化，搭载泛在连接、数据驱动、软件定义和平台支撑的制造业新体系。

三、工业互联网平台的核心价值

工业互联网的本质是数据的流动和分析，工业互联网平台的核心价值如下。

1）以信息流带动技术流、资金流、人才流和物资流，促进资源配置优化，促进全要素生产率的提升，从而释放数据价值。

2）实现通过数据-信息-知识-决策闭环，优化资源配置效率，实现生产流程的优化、管理效率的提升、产品质量的提高、经营成本的下降，催生出新的商业模式。

工业互联网结合软件和大数据分析，重构全球工业，激发生产力，让世界更美好、更快速、更安全、更清洁且更经济。

　【任务安排】

1. 任务探究

（1）简述工业互联网的作用与体系结构。

（2）整理并归纳：工业大数据与互联网大数据的区别与联系。通过表2-3在五个主要方面分析比较互联网大数据和工业大数据的区别。

表 2-3　工业大数据和互联网大数据的区别

方面	互联网大数据	工业大数据
数据量要求		
数据质量要求		
对数据属性意义的解读		
分析手段		
分析结果准确性要求		

（3）简述工业互联网的实际应用案例。

2. 任务评分

序号	评价内容及标准	自评分	互评分	教师评分
1	能说出工业互联网的定义（1分）			
2	能说出工业互联网体系的构成（3分）			
3	能说出工业互联网体系的核心要素（2分）			
4	知道工业互联网平台的核心价值（2分）			
5	知道工业互联网的实际应用（2分）			
	总分			

3. 知识归档

总结知识目录：

（1）＿＿＿＿＿＿＿＿＿＿＿＿＿＿＿＿＿＿＿＿＿＿＿＿＿＿＿＿＿＿＿＿＿

（2）＿＿＿＿＿＿＿＿＿＿＿＿＿＿＿＿＿＿＿＿＿＿＿＿＿＿＿＿＿＿＿＿＿

（3）＿＿＿＿＿＿＿＿＿＿＿＿＿＿＿＿＿＿＿＿＿＿＿＿＿＿＿＿＿＿＿＿＿

（4）＿＿＿＿＿＿＿＿＿＿＿＿＿＿＿＿＿＿＿＿＿＿＿＿＿＿＿＿＿＿＿＿＿

【小结】

本节主要介绍了工业互联网的概念及构成、工业互联网体系构成要素、互联网平台核心价值，以及工业互联网的实际应用。

任务2　构建工业互联网平台模型	学生姓名：	班级：

 【知识学习】

一、构建工业互联网的关键要素

工业互联网主要包含三个关键要素：智能机器、高级分析方法、工作人员，如图2-14所示。

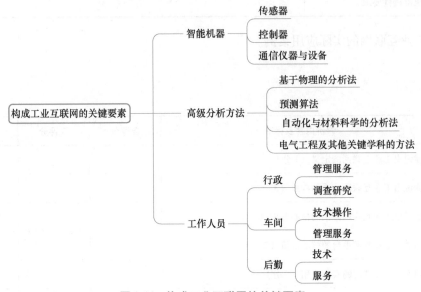

图2-14　构成工业互联网的关键要素

（一）智能机器要素

以崭新的方法将现实世界中的机器、设备、技术团队和网络通过先进的传感器、控制器和软件应用程序连接起来，工业互联网平台使用智能机器统计数据并及时反馈，使信息高度集成，有效提高了生产力。

（二）高级分析方法要素

使用基于物理的分析法、预测算法、自动化和材料科学、电气工程及其他关键学科的深厚专业知识来理解机器与大型系统的运作方式。

（三）工作人员要素

建立员工之间的实时连接，连接各种工作场所的人员，以支持更为智能的设计、操作、维护以及高质量的服务与安全保障。

从要素组合方式上看，工业互联网是传统方式与新方式兼顾的混合方式，通过先进的特定行业分析，充分利用高频率的实时数据和机器分析，可使实时数据处理的规模得以大幅提升，为分析流程开辟新维度。

从要素融合流程上看，工业互联网特别强调的是将工业革命的成果及其带来的机器、机组和物理网络，与智能设备、智能网络和智能决策通过互联网融合到一起。

二、工业互联网平台的结构及特征

（一）工业互联网平台的结构

工业互联网平台是面向制造业数字化、网络化、智能化需求，构建基于海量数据采集、汇聚、分析的服务体系，支撑制造资源泛在连接、弹性供给、高效配置的工业云平台。工业互联网平台的功能构架及其特点分别如图 2-15 和图 2-16 所示。

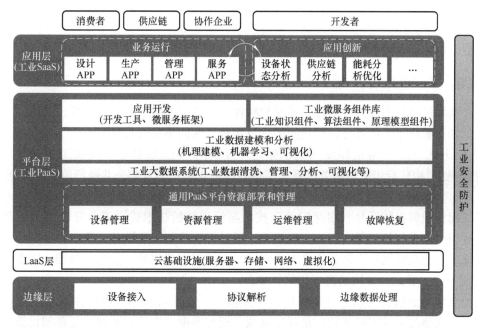

图 2-15　工业互联网平台功能构架

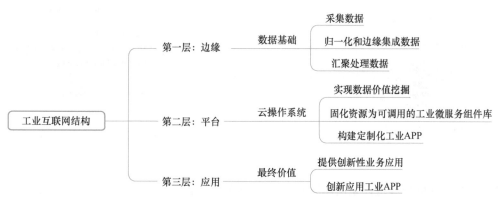

图 2-16　工业互联网结构特点

工业互联网结合分布式边缘计算与人工智能应用，让制造端与供应链中的所有数据都可以在云端流动并在节点优化决策，从而有效解决了工业数据共享与智能算法的大规模、安全性、个性化挖掘问题，实现制造业的生产智能化、产品个性化、组织分散化、资源云端化的新工业范式。

（二）工业互联网平台的特征

1. 网络效应

工业互联网平台价值巨大。工业互联网平台连接的人、机、物的数量远远大于消费互联网平台连接的数量，若网络价值以用户数量的平方速度增长，工业互联网平台的价值将远远超过消费互联网平台。

2. 马太效应

工业互联网平台上的工业 APP 和用户达到一定规模时，会形成一个双向迭代、互促共进的双边市场，平台将会在很短时间内获得爆发式增长。在互联网平台上先行的企业和用户，将拥有引领平台经济发展的主导权。

3. 替代效应

工业互联网平台能够极大降低企业信息化部署的时间、成本和难度，同时正在重构工业知识的沉淀、复用和传播，这将彻底改变两化融合的实现路径，将起步建设、单项应用、综合集成、协同创新四步并做一步走，平台可让企业以快进键一键进入综合集成阶段，企业处于发展的任何阶段，都将主动或被动地进入工业互联网平台的快车道。

三、工业互联网的标识解析

工业互联网将机器和先进的传感器、控制和软件应用进行连接，由标识解析、网络、平台和安全四部分构成，其本质在于工业机理、经验的固化及制造资源的集聚与共享。

2017 年 11 月 27 日，国务院印发《关于深化"互联网+先进制造业"发展工业互联网的指导意见》，明确指出要"构建标识解析服务体系，支持各级标识解析节点和公共递归解析节点建设"。

（一）工业互联网标识解析体系

工业互联网标识解析体系是利用标识编码技术与标识解析技术建立工业互联网中工业设备与标识、地址与标识、内容与标识等之间的映射关系，通过标识控制工业设备，获取和处理工业数据，实现工业智能化。工业互联网标识是将传统互联网中的主机扩展到物品、信息、机器、服务等资源，将 IP 地址扩展到异主、异地、异构的精细化信息集合。

与传统的互联网通过域名服务（DNS）地位类似，工业互联网标识解析体系是工业互联网的入口，是连接工业网络的关键神经系统，是互联互通、资源调度、生产协调的重要基础设施。工业互联网与传统互联网解析的示意图如图 2-17 所示。

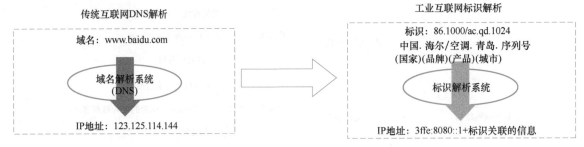

图 2-17　工业互联网与传统互联网解析示意图

我国工业互联网标识解析体系由国际根节点、国家顶级节点、二级节点、企业节点、递归解析节点等要素组成。

1. 国际根节点

某一种标识体系管理的最高层级服务节点，面向全球范围提供公共的根区数据管理和根解析分析，不限于特定国家或者地区。

2. 国家顶级节点

一个国家或者地区内部顶级的标识解析服务节点，能够面向全国范围提供顶级标识编码注册和标识解析服务，以及标识备案、标识认证等管理能力。目前，我国在广州、上海、北京、重庆和武汉等多个城市设立了互联网的国家顶级节点。

3. 二级节点

一个行业或者区域内部的标识解析公共服务节点，能够面向行业或者区域提供标识编码注册和标识解析服务，完成相关的标识业务管理、标识应用对接等。目前可选择汽车、机械制造、新材料、能源化工、生物医药、高端设备等领域的二级节点。从产业视角来看，工业互联网标识解析二级节点能够通过条码、电子标签等载体采集数据，并将标识与信息、地址关联，通过有效的权限管理实现工业大数据的按需共享，支持数据合理流转。

4. 企业节点

企业内部的标识解析服务节点，能够面对特定企业提供标识编码注册和标识解析服务，可以独立部署，也可以作为企业信息系统的组成要素。企业生产管理充分利用物品标识技术，结合物联网统一标识体系，对物品运用互联网标识编码解析技术可追溯，实现供应链管理和全生命周期管理等。多个企业可以通过龙头牵引、合资建设和引入外援等模式建设二级节点。

5. 递归解析节点

标识解析体系关键性入口设施，能够通过缓存等技术手段提升整体服务能力。

以上各节点关系如图 2-18 所示。

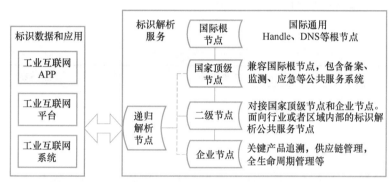

图 2-18   工业互联网标识解析体系

我国的工业互联网标识主要处于信息空间的业务标识、应用标识和信息对象标识的层面。网络内部设备、网络节点、会话标识等属于下层通信技术层面。

解析系统是标识体系的核心技术之一，是支撑工业互联网互联互通的神经枢纽。我国的工业互联网标识体系同时兼容多种编码方式。

（二）常用标识编码方式

目前标识编码存在多种方案，总体分为两类：一类是可跨行业广泛应用的公有标识，如 URL、Handle、Ecode 等公有标识，目前多用于流通环节的供应链管理、产品溯源等场景中；另一类是在行业内部或中小型企业内部大量使用的自定义私有标识，如汽车零部件标识、电厂标识、物流标识等。

随着工业互联网的深入推进，采用公有标识的各类资源进行标准化编码成为实现信息共享、推进工业智能化的基础。

标识：用于向服务提供商标识用户或终端的过程。

标识符（ID）：标识符中有所有网络的公众标识符或具体网络的专用标识符，标识符可用于注册或授权。用来标识某个用户、使用者、网络元素、功能、网络实体、业务或应用的数位、字符和符号系列。标识符的核心在于标识符的规划、分配与管理。

（三）标识解析

在互联网中的解析是指将域名解析为 IP 地址，通过 IP 路由寻址实现端到端的访问。在工业互联网中，解析寻址技术主要解决的问题是如何通过标识编码查找或者检索到与其对应的地址信息。

解析寻址技术主要分为三种类型，分别是经典的解析寻址技术、改进型解析寻址技术和变革型解析寻址技术。

四、工业互联网面临的问题和挑战

创建完善的工业互联网需要具备三大要素：首先要把机器变得智慧化，能够收集各项生产数据与操控设备；其次是数据保存与处理分析能力和数据的安全问题；再次是创新复合型人才的培养。但在这些要素融合发展的过程中，都将面临一些主要问题和挑战。

【任务安排】

1. 任务探究

（1）工业互联网的关键要素有哪三个？画出工业互联网平台的结构模型。

（2）收集并分析整理商品码：条形码、二维码、射频识别（RFID）码的结构特点，分析条形码、二维码及射频识别技术应用的主要优缺点，并填写表2-4。

表2-4　分析商品码

商品码	识别代码结构	主要优点	主要缺点
条形码			
二维码			
RFID码			

（3）通过查找资料，具体分析我国工业互联网标识解析结构与传统互联网DNS解析结构的区别。

（4）根据案例，比较四种公用编码方案的结构及特点，填写表2-5。

表2-5　四种公用编码方案的结构及特点

	第一部分（归属性）前缀	第二部分（相对性）后缀	第三部分（安全保证）（可选）	案例
URL标识				
Handle标识				
OID标识				
Ecode标识				

2. 任务评分

序号	评价内容及标准	自评分	互评分	教师评分
1	能说出工业互联网的关键要素及关联（2分）			
2	能画出工业互联网平台的三层结构，并说出其作用（2分）			
3	能说出物品标识的主要技术及特点（3分）			
4	能说出我国工业互联网标识解析体系的结构（2分）			
5	能说出常用公用标识编码方式的结构及特点（1分）			
	总分			

3. 知识归档

总结知识目录：

(1) _____

(2) _____

(3) _____

【小结】

本节主要介绍了工业互联网的三个关键要素，工业互联网平台的三层结构及作用，以及我国工业互联网标识解析体系的结构和特点。

本单元内容为工业信息相关技术及专业的学习打下了基础。

　　　　　　　　　　　　中国工业互联网发展

工业互联网为工业乃至产业数字化、网络化、智能化发展提供了实现途径，是第四次工业革命的重要基石，是我国制造业数字化转型升级、实现高质量发展的基本路径，是加快中国特色新型工业化历史进程的关键驱动，对抢抓新一轮科技革命和产业变革机遇意义重大。

按照《工业互联网发展行动计划（2018—2020 年)》，从 2018 年以来，近五年工业互联网发展的步伐持续向前推进。

2018 年：工业和信息化部印发《工业互联网平台建设及推广指南》和《工业互联网平台评价方法》。

2019 年：两会政府工作报告提出"打造工业互联网平台，拓展'智能+'，为制造业转型升级赋能"。

2020 年：工业和信息化部办公厅发布《关于推动工业互联网加快发展的通知》。

2021 年：发展工业互联网，搭建更多共性技术研发平台，提升中小微企业创新能力和专业化水平。

2022 年：加快发展工业互联网，培育壮大集成电路、人工智能等数字产业，提升关键软硬件技术创新和供给能力。

我国工业互联网初具规模，新型基础设施建设正在提速，工业互联网网络、平台、安全三大功能体系初具规模，应用不断融合拓展。

截至 2021 年年底，我国累计建成并开通了约 142.5 万个 5G 基站，总量占到全球的 60% 以上，建成了全球最大的 5G 网。依托独立组网架构、网络切片、边缘计算等新技术，5G 逐步由外网公网向工业专网下沉。某地 5G 信号箱如图 2-19 所示。

图 2-19　某地 5G 信号箱

工业互联网标识解析体系国家顶级节点日均解析量突破 4000 万次，二级节点的数量达到 158 个，覆盖 25 个省、自治区、直辖市，标识注册总量近 600 亿。

分享时刻：请留心看一看自己生活学习的地方有没有用到 5G 基站，谈一谈互联网技术进步有哪几个阶段，为生产生活带来了哪些便利。

单元 3　走进工业机器人

 单元知识目标：能说出工业机器人的定义及特点。

单元技能目标：能设计并构建工业机器人系统的模型。

单元素质目标：形成创新思维，提升分析与解决问题的能力。

任务 1　认识工业机器人	学生姓名：	班级：

【知识学习】

一、工业机器人的概念

机器人按用途可以分为军用机器人、工业机器人、服务机器人、娱乐机器人、仿人机器人和农业机器人六大类。

20 世纪 50 年代末，美国在机械手和操作机的基础上，采用伺服机构和自动控制等技术，研制出有通用性的独立的工业用自动操作装置；20 世纪 60 年代初，美国研制成功两种工业机器人，并很快地在工业生产中得到应用；1969 年，美国通用汽车公司用 21 台工业机器人组成了焊接轿车车身的自动生产线，此后，各工业发达国家都非常重视研制和应用工业机器人。

工业机器人技术正逐渐向着具有行走能力、具有多种感觉能力、具有较强的对作业环境的自适应能力的方向发展。工业机器人示意图如图 2-20 所示。

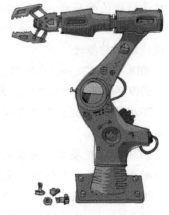

图 2-20　工业机器人示意图

我国国家标准 GB/T 12643—2013 对工业机器人的定义：能自动控制的、可重复编程、多用途的操作机，可对三个或三个以上轴进行编程。它可以是固定式或移动式。在工业自动化中使用。

综合以上定义，工业机器人是能模仿人体某些器官的动作功能，有独立的控制系统，可以根据工作程序编程的多用途自动操作装置。

二、工业机器人的发展与特点

（一）工业机器人的发展

工业机器人按照发展时期大致分为发展起步期——技术准备阶段、发展初期——产业孕育阶段、快速发展期——产业形成阶段和智能应用期——产业成熟阶段。

1972 年，我国开始研制自己的工业机器人，为工业机器人的起步时期；20 世纪 80 年代完成了示教再现式工业机器人成套技术的开发，初步研制出喷涂、点焊、弧焊和搬运机器人（此时尚未典型应用于工业领域），国家高技术研究发展计划开始实施，此后取得了一大批科研成果，成功地研制出一批特种机器人，此阶段为工业机器人的开发时期；20 世纪 90 年代，工业机器人在实践中迈进了一大步，先后研发出点焊、弧焊、装配、喷漆、切割、搬运、包装、码垛等各种用途的工业机器人，并实施了一批机器人应用工程，形成了一批机器人产业化基地，为中国机器人产业腾飞打下了基础。

在工业机器人技术发展过程中，大致经历了以下三代的变化。

1）第一代为示教再现型工业机器人，工业机器人有部分计算机化控制能力，但做决策的还是人。

2）第二代为感觉工业机器人，是有视觉传感器的、能识别与定位的工业机器人系统。人发出任务指令后，工业机器人发挥自己的智慧完成工作，不用实时跟踪指导。

3）第三代为智能工业机器人，工业机器人具有意识。

工业机器人技术正逐渐向着具有行走能力、具有多种感知能力、具有较强的对作业环境的自适应能力的方向发展。

（二）工业机器人的特点

工业机器人具有可编程、拟人化、通用性和机电一体化的基本特点。

1. 可编程

工业机器人可随工作环境变化的需要再编程，在小批量、多品种、具有均衡高效的柔性制造过程中能发挥很好的作用，已经成为柔性制造系统中不可或缺的重要组成部分。

2. 拟人化

工业机器人在机械结构上有类似人的足部、大臂、小臂、手爪等部分，在控制上由计算机实现。智能化工业机器人还有许多类似人类的生物传感器，如皮肤型解除传感器、力传感器、负载传感器、视觉传感器等，这些传感器提高了工业机器人对周围环境的自适应能力。

3. 通用性

除了专门设计的专用工业机器人外，一般工业机器人在执行不同作业任务时具有较好的通用性，如更换工业机器人手部末端操作器（手爪、工具等）便可执行不同的作业任务。

4. 机电一体化

工业机器人技术涉及多学科，归纳起来应是机械学和微电子学的结合，即机电一体化技术。第三代智能机器人不仅具有获取外部环境信息的各种传感器，还具有记忆能力、语言理解能力、图像识别能力等人工智能，这些都和微电子技术的应用，特别是计算机技术的应用密切相关。

技术先进的工业机器人集精密化、柔性化、智能化、软件应用开发等先进制造技术于一体，通过对过程实施监测、控制、优化、调度、管理和决策，实现增加产量、提高质量、降低成本、减少资源消耗和环境污染，是工业自动化水平的最好体现之一。

三、工业机器人的应用前景

早期工业机器人在生产上主要用于机床上下料、焊接和喷漆，以及简单重复的流水线作业场合。随着柔性自动化的出现，机器人扮演了更重要的角色，如焊接机器人、材料搬运机器人、检测机器人、装配机器人、喷漆和喷涂机器人，其他如密封和黏接、清砂和抛光、熔模铸造和压铸、锻造等。

机器人产业链主要包括四个核心环节：核心零部件、本体制造、系统集成和行业应用。机器人产业链较短，但技术壁垒较高，而且每个环节都很重要。

制造业市场呈现出快速多变的不确定性，制造业面临结构性的战略转变。现代制造技术向着系统化、柔性化、可重组化、自动化和智能化等方向发展。能快速响应产品的变换和混流生产，降低投资损耗和制造成本，压缩生产周期，保证交货时间，提高制造生产的效率和效益，保证产品和服务的质量，消除或降低对环境的污染，以提高企业的竞争力，增强综合国力。

柔性制造是工业机器人高度发展的产物，柔性制造系统包括数控加工、物流仓储、智能制造和通信四大系统，能根据加工对象的不同自动变换制造系统，支持多种生产模式，提高设备使用效率和生产效率，从而降低生产成本。

未来，工业机器人将在感觉功能、控制智能化、移动功能智能化、系统应用与集成化、安全可靠性及微型化等方面面临机遇和挑战。

【任务安排】

1. 任务探究

（1）机器人和工业机器人的联系与区别是什么？

（2）工业机器人的特点有哪些？

（3）简述工业机器人产业链核心环节中各个部分的代表性产品都有哪些，填写表2-6。

表 2-6　工业机器人产业链核心环节的典型产品

核心环节	典型产品	价值
核心零部件		
本体制造		
系统集成		
行业应用		

（4）简述工业机器人的应用与前景。

2. 任务评分

序号	评价内容及标准	自评分	互评分	教师评分
1	能说出工业机器人的定义（2分）			
2	能说出工业机器人的发展阶段（2分）			
3	能说出工业机器人的特点（2分）			
4	能简述工业机器人产业链核心环节产品及价值（3分）			
5	能说出工业机器人的应用前景（1分）			
	总分			

3. 知识归档
总结知识目录：

（1）_____

_____

（2）_____

_____

 【小结】

　　本节主要介绍了工业机器人的概念及发展情况、工业机器人的特点，以及工业机器人的应用及前景。

任务 2　构建工业机器人系统模型	学生姓名：	班级：

【知识学习】

一、工业机器人的基本组成

工业机器人一般由执行机构、驱动装置、控制系统和监测系统四部分组成。

（一）执行机构

执行机构也称为本体，是机器人赖以完成工作任务的实体，从功能的角度可分为手部、腕部、臂部、腰部和机座。执行机构如图 2-21 所示。

1. 手部

工业机器人的手部也称为末端执行器，是装在机器人手腕上直接抓握工件或执行作业的部件，手部对于机器人来说是完成作业好坏、评价作业柔性好坏的关键部件之一。

手部可以像人手那样具有手指，也可以不具有手指；可以是类似人的手爪，也可以是进行某种作业的专用工具，如机器人手腕上的焊枪、油漆喷头等。各种手部的工作原理不同，结构形式各异，常用的手部按其夹持原理的不同可分为机械式、磁力式和真空式三种。

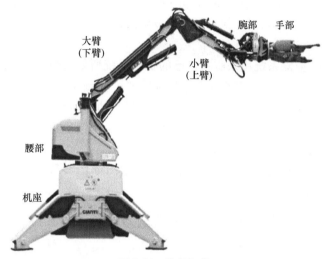

图 2-21　执行机构

2. 腕部

工业机器人的腕部是连接手部和臂部的部件，起支撑手部的作用。机器人一般具有六个自由度才能使手部达到目标位置和处于期望的姿态，腕部的自由度主要是实现期望的姿态，并扩大臂部的运动范围。手腕按自由度个数可分为单自由度手腕、二自由度手腕和三自由度手腕。腕部实际所需要的自由度数目应根据机器人的工作性能要求来确定。在有些情况下，腕部具有两个自由度：翻转和俯转或翻转和偏转。有些专用机器人没有手腕部件，而是直接将手部安装在本体的前端；有的腕部为了特殊要求还有横向移动自由度。

3. 臂部

工业机器人的臂部是连接腰部和腕部的部件，用来支撑腕部和手部，实现较大的运动范围。臂部一般由大臂、小臂（或多臂）组成。臂部总质量较大，受力一般比较复杂，在运动时，直接承受腕部、手部和工件的静、动载荷，尤其在高速运动时，将产生较大的惯性力（或惯力矩），可能引起冲击，影响定位精度。

4. 腰部

腰部是连接臂部和基座的部件，通常是回转部件。由于它的回转，再加上臂部的运动，就能使腕部作空间运动。腰部是执行机构的关键部件，它的制作误差、运动精度和平稳性对机器人的定位精度具有决定性的影响。

5. 机座

机座也称为底座，是整个机器人的支撑部分，有固定式和移动式两类，移动式机座用来扩大机器人的活动范围，有的是专门的行走装置，有的是轨道、滚轮机构。机座必须有足够的刚度和稳定性。

（二）驱动装置

驱动装置是为执行机构提供动力的装置。按采用的动力源不同可分为电动、液动和气动三种类型，其伺服电动机、液压缸等执行部件可以与执行机构直接相连，也可以通过齿轮、链条和谐波减速器与执行机构连接。

（三）控制系统

控制系统是工业机器人的指挥中心，控制工业机器人按照要求实现作业控制、运动控制和驱动控制，多采用计算机控制。计算机系统一般分为三级。

1）决策级：识别环境，建立模型，将作业任务分解为基本动作序列。

2）策略级：将基本动作转变为关节坐标协调变化的规律，分配给各关节的伺服系统。

3）执行级：执行策略级分配的任务，并将执行结果反馈到系统。

（四）监测系统

监测系统用来监测自己的执行系统所处的位置和状态，并将这些信息及时反馈给控制系统，控制系统根据这个反馈信息发出调整动作信号，使执行机构进一步动作，从而使执行系统精确达到规定的位置和状态。

工业机器人系统结构关系示意图如图 2-22 所示。

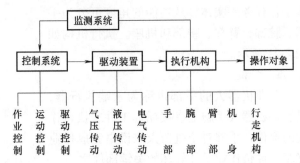

图 2-22　工业机器人系统结构关系示意图

二、工业机器人技术参数及分类

（一）工业机器人的技术参数

机器人的控制系统是机器人的大脑，决定了机器人的功能和性能，涉及的关键技术有开放性模块化的控制系统体系结构，模块化、层次化的控制软件系统，机器人故障诊断与安全维护技术，以及网络化机器人控制器技术等。

工业机器人的主要技术参数有自由度、重复定位精度、工作范围、最大工作速度和承载能力等，如图 2-23 所示。

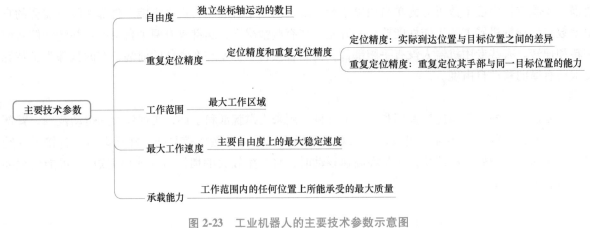

图 2-23　工业机器人的主要技术参数示意图

（二）工业机器人的主要种类

工业机器人目前主要有焊接机器人、喷漆机器人、装配机器人、采矿机器人、搬运机器人和食品工业机器人等几种典型的工业机器人。

工业机器人依据不同形式的分类见表 2-7。

表 2-7　工业机器人的分类

依据	分类	特点
按坐标形式	直角坐标（代号 PPP）	机器人末端执行器空间位置的改变通过沿着三个互相垂直的坐标轴 X、Y、Z 的移动来实现
	圆柱坐标（代号 RPP）	机器人末端执行器空间位置的改变由沿着两个移动坐标和一个旋转坐标的运动实现
	球坐标（代号 RRP）	又称极坐标式，机器人手臂运动由一个直线运动和两个转动组成，即沿 X 轴的伸缩和绕 Y 轴与 Z 轴的回转的方式运动
	关节坐标（代号 RRR）	又称回转坐标式，分为垂直关节坐标和平面（水平）关节坐标
按驱动方式	电力驱动	驱动元件可以是步进电动机、直流伺服电动机和交流伺服电动机，交流伺服电动机是主流 电力驱动是使用最多的一类
	液压驱动	有很好的抓取能力，可抓取高达上千牛的力，液压力可达 7MPa，液压传动平稳，防爆性好，动作灵敏，但对密封性要求高，对温度敏感
	气压驱动	结构简单，动作迅速，价格低。但压缩空气的工作速度稳定性差，气压一般为 0.7MPa，因而抓取力小，抓取力大致有几十牛至百牛
按控制方式	电位控制	只控制机器人末端执行器目标点的位置和状态，对空间中一点到另一点的轨迹不进行严格控制。适用于上下料、电焊和卸运等简单控制的作业
	连续痕迹控制	不仅要控制目标点的位置精度，还对运动轨迹进行控制。采用这种控制方式的机器人常用于焊接、喷漆和检测等比较复杂的作业中
按使用范围	可编程序的通用机器人	工作程序可以改变，通用性强。适用于多品种、中小批量的生产系统中
	固定程序的专用机器人	根据工作要求设计成固定程序，多采用液动或气动驱动，结构比较简单
按程序输入方式	编程输入型	将编写的计算机作业程序通过 RS-232 串口或以太网等通信方式传送到机器人控制柜
	示教输入型	在示教的同时，工作程序的信息自动存入程序存储器中，在机器人自动工作时，控制系统从程序存储器中检出相应信息，将指令信号传给驱动机构，使执行机构再现示教的各种动作

三、应用工业机器人技术

（一）编程语言

工业机器人编程语言按照操作流程分为动作级语言、对象级语言和任务级语言三种。

1. 动作级

动作级语言是以机器人末端执行器的动作为中心来描述各种操作，要在程序中说明每个动作，这是最基本的描述方式。

2. 对象级

对象级语言允许较粗略地描述操作对象的动作、操作对象之间的关系等。使用对象级语言，必须明确地描述操作对象之间的关系和机器人与操作对象之间的关系，特别适用于组装作业。

3. 任务级

任务级语言直接按指定操作，按一定规则给出最初的状态和最终的工作状态，机器人自动进行推理、计算，最后自动生成机器人动作。机器人必须一边思考一边工作，是一种水平很高的机器人程序语言。任务级语言仍处于基础研究阶段。

（二）四种编程方式

1. 顺序控制编程模式

在顺序控制的机器中，由机械或电气的顺序控制器来实现所有的控制。工作过程已设计规划好，主要优点是成本低、易于控制和操作，但是顺序控制的灵活性小。

2. 示教方式编程

示教方式是一项成熟的技术，易于被熟悉工作任务的人员所掌握，通过简单的设备和控制装置即可进行操作。在对机器人进行示教时，将机器人的轨迹和各种操作存入控制系统的存储器，根据实施效果，可重复示教。示教方法有直接示教和遥控示教两种，目前有手把手示教、有线示教和无线示教，如图 2-24 所示。

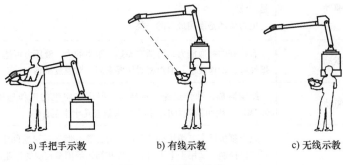

a) 手把手示教　　　　b) 有线示教　　　　c) 无线示教

图 2-24　机器人示教

示教方式编程的缺点：只能在人能达到的速度下工作，难以获得高速度和直线运动，难与其他操作同步，难与传感器的信息相配合，不能用于某些危险的情况，不适用于操作大型机器人。

3. 示教盒示教

利用装在控制盒上的按钮驱动机器人按设定的顺序进行操作。在示教盒中，每个关节都对应一个按钮，分别控制该关节两个方向上的运动，有最大允许速度控制。示教盒一般用于对大型机器人或危险作业条件下的机器人示教。但在示教盒示教的方式下，很难同时移动多个关节，限制了运行效率，难与其他设备同步，不易与传感器信息相配合。示教盒如图 2-25 所示，示教盒示教过程如图 2-26所示。

图 2-25　示教盒

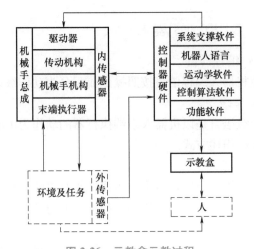

图 2-26　示教盒示教过程

4. 脱机编程或预编程

用机器人程序语言预先进行程序设计。编程时可以不使用机器人，可预先优化操作方案和运行周期。控制功能中可以包含现有的计算机辅助设计 CAD 和计算机辅助制造 CAM 等信息，可预先运行程序来模拟实际运动，利用图形仿真技术屏幕上的模拟机器人运动来辅助编程。可用传感器探测外部信息，机器人做出相应的响应，使得机器人可以在自适应的方式下动作。

（三）编程设计流程

工业机器人控制技术的主要任务是控制工业机器人在工作空间中的运动位置、姿态和轨迹，操作顺序及动作的时间等。

工业机器人与机床设计思路基本相同，但具体设计内容、设计要求和设计技术有较大差别。

机器人总体方案的设计可分为分析式设计和创成式设计。

1. 分析式设计方案步骤

第一步：根据作业运动功能的要求确定机器人末端执行器应达到的位置和姿态，建立作业功能位置矩阵。

第二步：对作业运动功能进行分析，写出运动功能矩阵。

第三步：给出各关节运动量，求出机器人的实际工作空间及姿态，也可用作图法求解。

第四步：校核所求出的实际工作空间及姿态是否满足作业运动功能的要求。

2. 创成式设计方案步骤

第一步：根据作业动作功能要求建立作业功能位姿矩阵。

第二步：分析作业功能位姿矩阵的特征，设定相应的运动功能矩阵。

第三步：解方程式，得到运动功能方案。

机器人的运动功能及相关尺寸参数确定后，给出各关节的运动范围，可以通过解析机器人的正运动学方程求出机器人的实际工作空间，同时检验其状态是否满足设计要求。机器人的工作空间还可以用作图法进行解析。

 【任务安排】

1. 任务探究

（1）工业机器人由哪几部分构成？画出工业机器人系统结构关系图。

（2）分析工业机器人的主要技术参数，填写表 2-8。

表 2-8　工业机器人的主要技术参数

序号	主要技术参数	描述
1		
2		
3		
4		
5		
6		

（3）工业机器人的分类有哪些？介绍一下你最熟悉的工业机器人类型。

（4）简述工业机器人的编程语言及四种编程方式。

2. 任务评分

序号	评价内容及标准	自评分	互评分	教师评分
1	能说出工业机器人的基本组成（3分）			
2	能说出工业机器人的关键技术及主要技术参数（2分）			
3	能说出工业机器人的分类（2分）			
4	能简述工业机器人的编程语言、编程方式及流程（3分）			
	总分			

3. 知识归档

总结知识目录：

（1）_____

_____

（2）_____

_____

（3）_____

_____

⭐ 小知识

工业机器人技术应用专业的简单介绍

工业机器人作为先进制造业中不可替代的重要装备，已成为衡量一个国家制造业水平和科技水平的重要标志，产业的发展急需大量高素质、高技能型专门人才。

专业核心课程：电工电子技术、工程制图、工业机器人技术基础、C 语言程序设计、电气控制技术、运动控制技术、液压与气动技术、工业机器人现场编程、工业机器人离线编程技术、可编程控制器技术应用、工控组态与现场总线技术、工业机器人工作站系统集成、工业机器人系统维护等。

培养目标：本专业培养德、智、体、美全面发展，具有良好职业道德和人文素养，掌握机械制图、机械设计、电工与电子、电气控制、液压与气动、PLC 应用技术、工业机器人应用技术等基本知识，具备工业机器人系统应用能力，从事工业机器人及工作站系统的安装与调试、维护与维修、技术与生产管理、服务与营销等工作的高素质技术技能人才。

能力要求：要求学生通过三年的学习，能够掌握一般工业机器人的结构、运动原理等基本知识，掌握机器人的安装调试、编程操作、维护与维修的技能，并具有良好的实际生产水平，满足工业机器人应用的技能要求。具有良好的团结协作、钻研、踏实肯干的职业精神与专业素养。

专业就业岗位：工业机器人系统的模拟、编程、调试、操作、销售及工业机器人应用系统维护维修与管理、生产管理及服务等。

📊 【小结】

本节主要讲述了工业机器人的四部分结构组成、技术参数和分类，以及工业机器人三种编程语言和四种编程方式。

本单元内容为工业机器人专业及相关技术的学习打下了基础。

遇见机器人　遇见新未来

2016 年我国发布《机器人产业发展规划（2016—2020 年）》，重点开展人工智能、机器人深度学习等新一代机器人技术研究，注重战略性、前瞻性、创新性的工作。

机器人在汽车、电子制造等产业中的应用已经非常普遍，而随着传感器、人工智能等技术的进步，机器人正朝着与信息技术相融合的方向发展。通过对云计算技术和人工智能的深度学习，机器人可从执行一项简单重复性的工作上升为执行各种复杂多样化的工作，并开始应用大数据实现自律化。汽车行业的机器人如图 2-27 所示。

图 2-27　汽车行业的机器人

2022 年北京冬奥会期间，到"冰立方"进行采访报道的媒体人都会被眼前不断穿梭的智能机器人所吸引，它们有着不同的造型，更有着出众的"工作"能力，这里面既有清扫机器人、消毒机器人，也有 5G 送餐机器人，可以说它们的出现不仅为日常的工作提供便利，同时也成为一道亮丽的风景线。

在 2022 年北京冬奥会和冬残奥会期间，智能机器人"笨笨"们上岗防疫，机器人可按照规定路线主动寻找人员并进行体温测量，若发现体温异常，会主动上前交流提示，并报告给管理人员，对区域内没有佩戴口罩的人员，会上前提示其佩戴好口罩。防疫机器人"笨笨"们如图 2-28 所示。

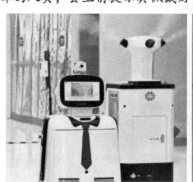

图 2-28　2022 年北京冬奥会和冬残奥会期间智能机器人上岗防疫

☕ **分享时刻：** 请留心查看 2022 年北京冬奥会相关视频，说一说还有哪些科技为奥运助力，增添了科技色彩？

单元 4　走进 3D 打印技术

 单元知识目标: 能说出 3D 打印技术的定义及特点。

单元技能目标: 能设计并构建 3D 打印的模型。

单元素质目标: 形成创新思维,提升分析与解决问题的能力。

任务 1　认识 3D 打印技术	学生姓名:	班级:

【知识学习】

一、3D 打印技术的概念

3D 打印技术的核心思想最早起源于 19 世纪末的美国,我国从 1991 年开始研究 3D 打印技术。21 世纪开始,3D 工艺开始从实验室研究逐渐向工程化、产品化方向转化,开始时名为快速原型技术,一般作开发样品之前的实物模型,后来这种技术被称为 3D 打印技术,得到了广泛接受和认可。

近年来,3D 打印技术在国内取得了较好的发展。自 20 世纪 90 年代的自主研发,国产 3D 打印机在打印精度、打印速度、打印尺寸和软件支持等方面不断提升。

3D 打印技术集多种技术于一体,涉及机械工程、材料科学、软件、光学、热学及控制工程等多门学科,如图 2-29 所示。

图 2-29　3D 打印技术集多种技术于一体

3D 打印利用计算机设计产品的三维数据,以数字模型文件为基础,运用粉末状金属或塑料等可黏合的材料,通过打印设备分层叠加的原理进行增材制造,是快速成型技术的一种。

增材制造(Additive Manufacturing,AM)也称 3D 打印,融合了计算机辅助设计、材料加工与成形技术,以数字模型文件为基础,通过软件与数控系统将专用的金属材料、非金属材料或医用生物材料,按照挤压、烧结、熔融、光固化、喷射等方式逐层堆积,制造出实体物品。与传统的对原材料去除、切削和组装的加工模式不同,它是一种通过材料累加的制造方法实现"从无到有"的制造。

普通打印和 3D 打印最大的区别是维度问题,普通打印机是二维打印的,在平面纸张上打印,而 3D 打印机可以制造出三维物体。区别于传统制造工艺切、削、磨等减材制造,3D 打印是典型的增材制造。

3D 打印技术原理：基于离散/堆积成型的模型，3D 打印技术由数字模型直接驱动 3D 打印机，运用金属、塑料、陶瓷、树脂、蜡、纸、沙等可黏合材料，在快速成型设备中经过逐层叠加的方式构造物理实体。

二、3D 打印技术的特点

（一）3D 打印工艺的主要技术指标

为了获得高精度的 3D 打印成品，一方面要通过试验研究工艺的参数优化，另一方面是在加工前数据处理时要给予精确的补偿。3D 打印工艺的主要技术指标如图 2-30 所示。

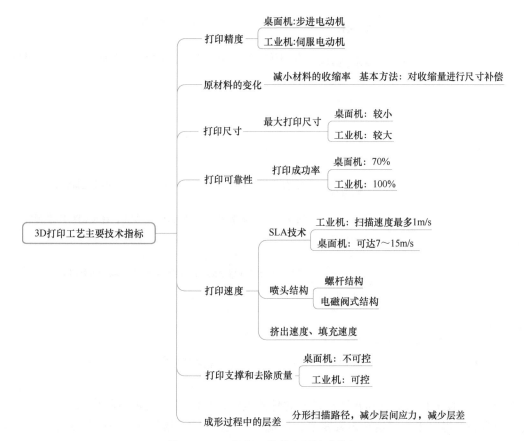

图 2-30　3D 打印工艺的主要技术指标

（二）3D 打印工艺的主要技术特点

3D 打印技术无须机械加工或制造出任何模具，适用于单件小批量生产，如形状复杂、多层嵌套和具有空腔结构的零件或物体的制造。3D 打印工艺的主要技术特点如图 2-31 所示。

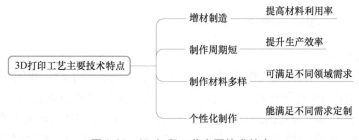

图 2-31　3D 打印工艺主要技术特点

三、3D 打印材料

3D 打印技术的发展离不开 3D 打印材料的发展，每种打印技术的打印材料都不一样。据报告，目前 3D 打印的材料已经超过了 200 种。

（一）常见的 3D 打印材料

常见的 3D 打印材料主要有 ABS 塑料、PLA 塑料、亚克力类材料、尼龙铝粉材料、陶瓷粉末、树脂材料、不锈钢材料，以及彩色打印材料等，如图 2-32 所示。

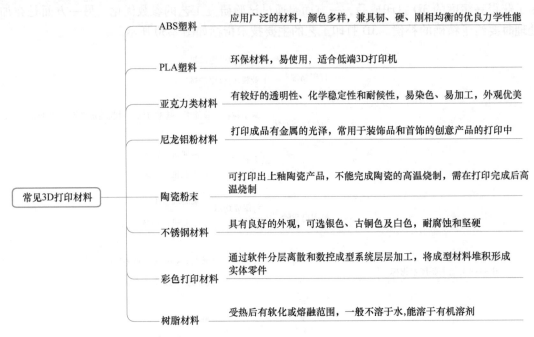

图 2-32 常见的 3D 打印材料

（二）特殊的 3D 打印材料

特殊的 3D 打印材料主要有人造骨粉、食品级原料及生物细胞等。

1. 人造骨粉

利用 3D 打印技术将人造骨粉转变成精密的骨骼组织，打印机会在骨粉制作的薄膜上喷洒一种酸性药剂，使薄膜变得坚硬。将这个过程重复，形成一层层的粉质薄膜，成为骨骼组织。

2. 巧克力等食品级原料

把食物的材料和配料预先放入容器内，再输入食谱，3D 打印机会自主制作出可以吃的食物。

3. 生物细胞

通过 3D 打印技术将细胞作为打印材料层层打印在生物支架基质材料上，通过准确定位，形成具备生物特征的组织。

四、3D 打印技术的现状与展望

（一）3D 打印技术的现状

3D 打印技术发展迅速，成为现代模型模具和零部件制造的有效手段。我国 3D 打印原材料缺乏相关标准，国内有能力生产 3D 打印材料的企业较少，部分原材料主要依赖进口，价格高，所以 3D 打印产品成本较高，影响了其产业化的进程。当前迫切的任务是建立 3D 打印材料的相关标准，加大对 3D 打印材料的研发和产业化的技术和资金支持，提高国内 3D 打印用材料的质量，从而促进我国的 3D 打印产业的发展。

（二）3D 打印技术的展望

3D 打印瓶颈：成本偏高；打印零件的尺寸有局限；可打印材料种类少，某些特殊材料较难打印；精度和速度的限制，如照相机镜头等需要超高精度的零件无法加工；缺乏行业与技术标准和知识产权保护机制。

3D 打印设备：朝着智能化、快速化、精密化和通用化方向发展，对打印速度和精度提出更高的要求，同时对多学科、多机构的协调与创新提出一定的要求。

打印材料：从树脂到金属材料，再到陶瓷材料，直到生物活性材料。

技术应用：从快速原型过渡到产品开发，再到形状复杂、小批量制造阶段。

制造对象：如日常消费品制造、生物制造、功能件制造（如飞机的起落架等负载零件），向个性化制造方向发展。

总之，3D 打印技术将朝着成本低廉、零件适应性更高、材料适用更广泛的方向发展，并在打印速度和打印质量方面有很大的提高。

 【任务安排】

1. 任务探究

（1）简述 3D 打印与普通打印的联系与区别，以及增材制造与传统制造的区别。

（2）简述 3D 打印产品的影响因素并加以说明，填写表 2-9。

表 2-9　3D 打印产品的影响因素及说明

影响因素	主要影响	说明

（3）能说出 3D 打印的主要材料及特点，并填写表 2-10。

表 2-10　3D 打印的主要材料及特点

材料名称	材质	特性	使用范围

（4）简述 3D 打印技术的现状与前景。

2. 任务评分

序号	评价内容及标准	自评分	互评分	教师评分
1	能说出 3D 打印（增材制造）技术的定义（2分）			
2	能说出 3D 打印产品的影响因素（2分）			
3	能说出 3D 打印的主要材料与使用场合（3分）			
4	了解 3D 打印技术的现状（1分）			
5	了解 3D 打印技术的应用前景（2分）			
总分				

3. 知识归档

总结知识目录：

(1) _____

_____

(2) _____

_____

(3) _____

_____

(4) _____

_____

【小结】

本节主要介绍了 3D 打印技术（或增材制造技术）的定义、影响 3D 打印产品的主要因素、3D 打印的主要材料与使用场合，以及 3D 打印的现状及发展前景。

任务 2　构建 3D 打印模型	学生姓名：	班级：

【知识学习】

一、3D 打印系统的组成及基本流程

（一）系统组成

3D 打印系统由 3D 打印设备、计算机设计与控制软件及打印材料等主要部分组成。

1. 3D 打印设备

3D 打印机是 3D 打印的核心装备，主要由高精度的机械系统、数控系统、喷射系统和成型环境等子系统组成，是一种将机械、控制及通信技术等集于一体的复杂机电一体化系统。

2. 设计与控制软件

用于辅助设计人员制作产品的三维数字模型，并根据模型自动分析出打印的程序，自动控制打印机和材料的操作。

3. 打印材料

原材料能够液化、粉末化和丝化，在打印完成后能重新结合起来，具有合格的物理和化学性能。

（二）基本流程

3D 打印流程一般包括计算机设计三维建模、分割三维数据成二维、材料打印及后处理四个步骤。

1. 三维建模

三维建模是 3D 打印的基础。在打印之前，利用计算机三维软件对所制作产品进行建模，通常使用计算机辅助设计（CAD）技术。

2. 数据分割

打印机通过读取文件中的横截面信息，在三维模型设计完成以后，沿模型水平面将其切割成一定数量的二维薄片，为每一个薄片生成平面尺寸数据，即将三维数据分割成二维数据。此过程在打印机内完成，切成薄片的数量是由制作材料及打印机自身决定的。分割层数越多，薄片数量越多，最终打印出的产品尺寸越接近原始设计数据。

3. 打印

准备好打印材料，整个打印过程类似于喷墨打印机，喷嘴中喷出的材料形成二维图形，第 N 层完成喷绘后，喷头回到定点进行第 $N+1$ 层喷绘，根据数据分割产生的薄片进行相应数量层数的喷绘。3D 打印实际上是利用材料自身厚度逐层堆积后形成三维产品的，层与层之间靠热熔技术或者靠喷嘴中喷出的胶水来粘接。

4. 后处理

打印好的三维模型需经过后期处理，一般包括剥离、固化、修整、上色等。对于使用树脂等材料加工的产品，还需进行光固化，固化后经一定的修整和上色等工艺就可以完成打印过程。

3D 打印流程如图 2-33 所示。

图 2-33　3D 打印流程

前两个步骤主要涉及软件和光学成像技术，第三个步骤涉及材料、机械和电子。前三个步骤相辅

相成，任何一个环节存在问题都会影响最终打印结果。后处理步骤更多的是采用传统加工方式改善打印物品的外观和特性。

二、3D 打印工艺建模

目前 3D 打印不同种类的快速成型系统所用的成型材料不同，成型原理和系统特点各有差别，但都是基于离散堆积原理进行分层制造，逐层叠加得到成品。3D 打印类型、工艺及基本材料见表 2-11。

表 2-11　3D 打印类型、工艺及基本材料

打印类型	工艺技术	基本材料
挤压	熔融沉积式成型（FDM）	热塑性塑料，共晶系统金属，可食用材料等
线	电子束自由成形制造（EBF）	多数合金
粒状	直接金属激光烧结（DMLS）	多数合金
	电子束融化成型（EBM）	钛合金
	选择性激光融化成型（SLM）	钛合金、钴铬合金、不锈钢、铝等
	选择性热烧结（SHS）	热塑性粉末
	选择性激光烧结（SLS）	热塑性塑料、金属粉末、陶瓷粉末
粉末	石膏 3D 打印（PP）	石膏
层压	分层实体制造（LOM）	纸、金属膜、塑料薄膜等
光聚合	立体平版印刷（SLA）	光硬化树脂
	数字光处理（DLP）	光硬化树脂

选择模型通常需要考虑成本，并综合考虑材料的力学性能（如机械性能和化学稳固性等）、后处理中的成品细节，以及特殊应用环境等因素。选择模型需考虑的因素如图 2-34 所示。

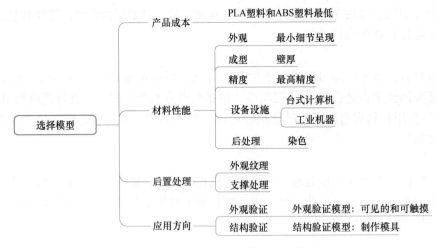

图 2-34　选择模型需考虑的因素

三、3D 打印建模软件

建模过程可使用 AutoCAD、Solid works、UG（Unigraphics NX）、Pro/Engineer 等行业性 3D 设计软件。需要注意的是，整个建模过程中，产品尺寸要精确。打印机会严格依据这些数据来完成产品的

结构外形。三维建模软件及简介见表 2-12。

表 2-12　三维建模软件及简介

软件名称	简介
AutoCAD	能进行二维绘图、详细绘制、设计文档和基本三维设计。具备良好的用户界面，通过交互菜单或命令方便地进行各种操作
UG（Unigraphics NX）	最早应用于美国麦道飞机公司，目前已经成为模具行业三维设计的主流应用之一，为产品设计及加工过程提供数字化造型和验证
Pro/Engineer	一套由设计到生产的机械自动化软件，广泛用于汽车、航空航天、消费电子、模具、玩具、工业设计和机械制造等行业
Solid works	世界上第一个基于 Windows 开发的三维 CAD 系统，专门负责研发和销售机械设计软件的视窗产品，功能强大、组件丰富，已成为领先的、主流的三维 CAD 解决方案
CATIA	高端集 CAD/CAE/CAM 一体化软件。第一个用户是世界著名的航空航天企业，功能强大，用户包括波音、宝马、奔驰等企业
Cimatron	金属 3D 打印软件 3DXpert，全球第一款覆盖整个设计流程的金属 3D 打印软件，从设计到后期处理的 CNC，软件都能发挥很好的作用

设计软件和打印机之间协作的标准文件格式是 STL 文件格式。一个 STL 文件使用三角面来近似模拟物体的表面，三角面越小，其生成的表面分辨率越高。PLY 是 Animator Pro 创建的一种图形文件格式，用来描述多边形的一系列点的信息。它是一种通过扫描来产生三维文件的扫描器，生成的 VRML 或 WRL 文件经常被用作全彩打印的输入文件。

【任务安排】

1. 任务探究

（1）简述 3D 打印的基本流程及每个步骤的工作内容。

（2）简述影响 3D 打印建模的因素。

（3）对几种典型 3D 打印成型工艺进行比较，填写表 2-13。

表 2-13　分析比较几种典型 3D 打印成型工艺

3D 打印工艺	三维印刷技术（3DP）	分层实体制造（LOM）	熔融沉积式成型（FDM）	立体光固化技术（立体平版印刷）（SLA）	选择性激光烧结（SLS）
常用材料					
优点					
缺点					
应用领域					

2. 任务评分

序号	评价内容及标准	自评分	互评分	教师评分
1	能说出 3D 打印的基本流程（2分）			
2	能说出 3D 建模的影响因素（2分）			
3	能对典型 3D 打印成型工艺进行分析（2分）			
4	能正确选择 3D 建模软件（2分）			
5	能应用 3D 建模软件制作模型（2分）			
总分				

3. 知识归档

总结知识目录：

(1) _____

_____

(2) _____

_____

(3) _____

_____

⭐ 小知识

增材制造技术应用专业

增材制造技术应用专业主要培养 3D 打印人才。3D 打印技术是制造史上的巨大突破，利用 3D 打印技术这种新的制造方式可免除制造刀具、夹具和模具的过程，直接进行产品加工，降低加工成本。当下，全球 3D 打印市场规模已经呈几何级增长态势，我国 3D 打印产业也迈入发展加速期。加速发展、改革、创新中国 3D 打印专业职业教育，培养大量高素质的 3D 打印技术应用人才已迫在眉睫。

主要课程：机械制图与机械 CAD、机械基础、电工技术、机械制造技术、3D 成型材料的功能与应用、CAD/CAM 软件应用、机械加工技能训练、3D 打印综合技能训练等。

就业方向：可在产品制造企业、打印服务公司、设计公司和其他 3D 领域企业担任设计、技术操作、咨询服务和管理等工作；也可以从事 3D 产品设计、三维扫描造型、打印设备维护与管理等工作。

【小结】

本节主要介绍了 3D 打印（或称增材制造）的基本流程、影响 3D 打印建模的因素、3D 打印典型成型工艺与材料，以及 3D 建模软件。

本单元内容为增材制造相关技术及专业学习打下了基础。

科技创造未来

　　和平与发展、互促与共进，不仅是中国人的理想和信念，也是全世界的永恒主题。时代在发展，科技在进步，让我们共同努力用科技创造未来。

　　作为全球研发投入最集中的领域，信息网络、生物科技、清洁能源、新材料与先进制造等正孕育着一批具有重大产业变革前景的颠覆性技术。量子计算机与量子通信、干细胞与再生医学、合成生物和"人造叶绿体"、纳米科技和量子点技术、石墨烯材料等，已展现出诱人的应用前景。

　　先进制造正向结构功能一体化、材料器件一体化方向发展，极端制造技术向极大（如航母、极大规模集成电路等）和极小（如微纳芯片等）方向迅速推进。人机共融的智能制造模式、智能材料与 3D 打印结合形成的 4D 打印技术，将推动工业品由大批量集中式生产向定制化分布式生产转变，引领了"数码世界物质化"和"物质世界智能化"。

　　这些颠覆性技术将不断创造新产品、新需求、新业态，为经济社会的发展提供前所未有的驱动力，推动经济格局和产业形态深刻调整，成为驱动创新发展和提升国家竞争力的关键所在。

　　时代在发展，祖国繁荣、民族振兴，中国的未来科技发展掌握在所有中国人的手上，更掌握在青少年手上。"科技创造未来，青少年创造未来"，如图 2-35 所示。

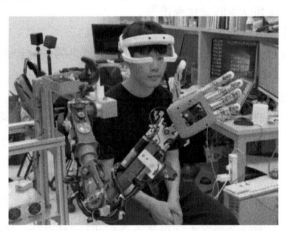

图 2-35　科技创造未来，青少年创造未来

　　分享时刻：请结合 3D 打印技术，说一下 3D 打印技术是如何创造了不一样的"未来"？

单元5　走进传感技术

 单元知识目标：能说出传感技术的定义、特征及结构。

单元技能目标：能设计并构建传感技术系统的模型。

单元素质目标：形成创新思维，提升分析与解决问题的能力。

任务1　认识传感技术	学生姓名：	班级：

【知识学习】

一、传感技术的概念

基于仿生研究的传感技术，自古以来就渗透到人类的生产生活、科学实验和日常生活的各个方面，如计时、产品交换、气候和季节的变化规律等。

传感技术同计算机技术与通信技术一起被称为信息技术的三大支柱。从仿生学观点看，如果把计算机看成处理和识别信息的"大脑"，把通信系统看成传递信息的"神经系统"的话，传感技术就是"感觉器官"。

目前，传感技术已经融入工农业生产、航空航天、宇宙开发、海洋探测、环境保护、资源调查、医学诊断、生物工程、文物保护，以及日常生活等各领域。利用传感技术可以捕捉和收集宇宙中的各种信息，从太空遨游到海洋探测，从普通家居到各种复杂的系统工程，几乎所有现代化项目都离不开传感技术。例如，一辆轿车上所用的传感器有百余种之多，利用传感器可以测量油温、水温、水压、流量、排气量、车速等。

传感技术始终以各种高新技术作为发展动力，利用新原理、新概念、新技术、新材料和新工艺等最新技术集成为传感技术。传感技术是多学科相互交叉、新技术密集型学科，涉及传感检测原理、传感器件设计、传感器开发和应用的综合技术，包括材料、物理、化学、生物、机械、电子、计算机等多学科。传感技术关系网如图2-36所示。

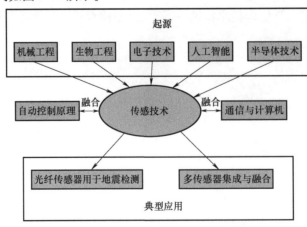

图2-36　传感技术关系网

　　传感技术与信息学科紧密联系，实现自动检测和自动转换，综合研究传感器的材料、设计、工艺、性能和应用等各个方面。传感技术是一门边缘技术，是涉及物理学、数学、化学等学科信息处理的理论和技术为主要内容的技术性学科，与计算机、通信和自动控制技术一起构成一条从信息采集、处理、传输到应用的完整信息链。

二、传感技术的发展历程

　　最初的传感器起源于仿生研究。每一种生物由于自身的要求，要完成自己的生命周期，需要经常与周围环境交换信息，因此都有感知周围环境的自身器官和组织，如人的眼、耳、口、鼻和皮肤等，能分别获取视觉、听觉、味觉、嗅觉和触觉等方面的信息。可以把传感器比作人的感官，传感器与人的感官之间的关系如图 2-37 所示。

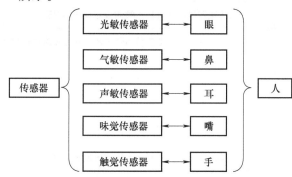

图 2-37　传感器与人的感官之间的关系

　　由于各学科之间的相互融合和各行业的需求，传感技术发展迅速，主要经历了以下三代演进，如图 2-38 所示。

图 2-38　传感器演化史

三、传感技术的特点及传感器分类

（一）传感技术的特点

传感技术与其他学科相比，有四个方面的特点，如图 2-39 所示。

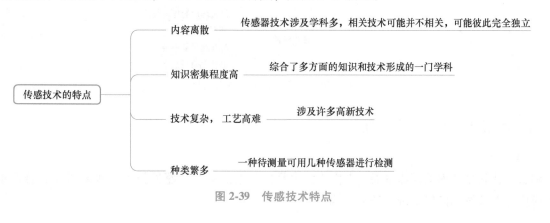

图 2-39　传感技术特点

（二）传感器的分类与选用

1. 传感器的分类

传感器的种类很多，其基本分类见表 2-14。

表 2-14　传感器的基本分类

分类依据	类型	说明
按被测对象	物理型、化学型、生物型等	以转换中的物理效应、化学效应等命名
按构成原理	结构型	依靠传感器结构参数的变化实现信号转变，如电容式传感器、电感式传感器等
	物性型	依靠敏感元件材料本身物理性质的变化实现信号变换，如光敏电阻
按能量关系	能量转换型	传感器输出量直接由被测量能量转换得到
	能量控制型	由外部供给能量使传感器工作，并由被测量控制外部供给能量的变化
按作用原理	应变式、电容式、压电式、热电式等	以传感器对信号转换的作用原理命名
按输入量	位移、压力、温度、湿度、气体等	按用途分类法进行命名
按输出量	模拟式	输出量为模拟信号，电压或电流等连续信号
	数字式	输出量为数字信号，开关量

2. 传感器的选用

传感器选用原则如图 2-40 所示。

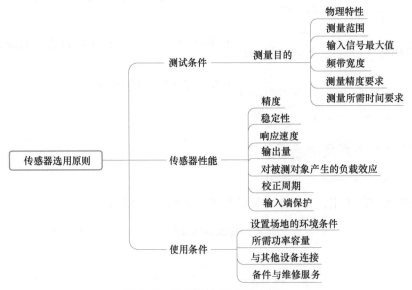

图 2-40　传感器选用原则示意图

四、传感技术的现状与展望

（一）传感技术的应用现状

随着现代科学技术的高速发展，人们生活水平的日益提高，传感器技术也越来越受到普遍重视，它的应用已经渗透到国民经济的各个领域。

传感器是新技术革命和信息社会的重要技术基础，是当今世界极其重要的高科技，一切现代化仪器、设备几乎都离不开传感器。例如，光纤传感器具有灵敏度高、响应速度快、动态范围大、防电磁场干扰、超高压绝缘、无源性、防燃防爆，适用于远距离遥测；军事上利用红外探测可以发现地形、地物及敌方各种军事目标。红外雷达具有搜索、跟踪、测距等功能，可以搜索几十到几千米的目标。红外探测器在红外制导、红外通信、红外夜视、红外对抗等方面也有广泛的应用；生物传感器具有优秀的感觉功能和对化学物质的识别能力；另外，还有医用传感器、海洋传感器和原子能传感器等，广泛应用于各种新型技术领域中。

（二）传感技术的未来展望

传感器"三新四化"的发展趋势相互交叉渗透，并相辅相成。传感器已不再是一个小小的器件，它涉及物理、化学、生物、医学、电子、材料、工艺等多种学科。展望未来，传感技术面临的机遇与挑战并存，我们相信传感技术一定会在未来各个领域开拓更广阔的发展空间。

"三新"：新材料、新技术、新工艺。

"四化"：集成化、多维化、多功能化、智能化。

【任务安排】

1. 任务探究

（1）简述传感技术的主要特点。

（2）查资料了解传感器演化的三个阶段及实例。

（3）根据传感器的分类表（表 2-14），填写表 2-15。

表 2-15　传感器类型、应用场合及具体产品型号

传感器	类型	应用场合	具体产品型号
烟感传感器			
	模拟式		
	数字式		
光纤传感器			
	物理型/结构型	航空航天，对光的控制	
			AD590

（4）简述传感技术在智慧物流中的应用。

（5）了解传感器"三新四化"的发展趋势，简述传感技术的现状与前景。

2. 任务评分

序号	评价内容及标准	自评分	互评分	教师评分
1	能说出传感技术的特点（2分）			
2	能说出传感技术的发展历程（1分）			
3	能确定传感器类型，并能选择合适的传感器（3分）			
4	知道传感技术的现状（2分）			
5	了解传感技术的应用前景（2分）			
	总分			

3. 知识归档

总结知识目录：

(1) _____

_____

(2) _____

_____

(3) _____

_____

【小结】

　　本节主要介绍了传感技术的特点、传感技术的发展历程、传感器的分类，以及传感技术的现状及应用前景。

任务 2　构建传感技术系统模型	学生姓名：	班级：

【知识学习】

一、传感技术的组成

传感技术是以传感器为核心，与测量学、微电子学、材料学、信息处理技术和计算机技术相互结合而形成的一门新的综合、密集型技术。

广义来讲，传感器是指将被测量转换为可感知或定量认识的信号传感器。狭义来讲，传感器是感受被测量，并按一定规律将其转换为同种或别种性质输出信号的装置。

国际电工委员会对传感器的定义：传感器是测量系统中的前置部分，它将输入变量转换成可供测量的信号。

国家标准 GB/T 7665—2005《传感器通用术语》对传感器的定义：能感受被测量并按照一定的规律转换成可用输出信号的器件或装置，通常由敏感元件和转换元件组成。

此外，传感器可能还含有转换电路和辅助电源。

（1）敏感元件：指传感器中能直接感受或响应被测量的部分。

（2）转换元件：指传感器中能将敏感元件的感受或响应的被测量转换成适于传输或测量的电信号部分。

（3）转换电路：把转换元件输出变为易于处理、显示、记录和控制的信号。

（4）辅助电源：提供传感器正常工作所需能量的电源部分，有内部供电和外部供电。

以上四部分关系如图 2-41 所示。

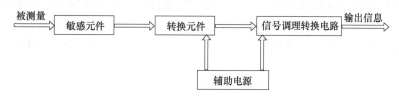

图 2-41　传感器结构示意图

传感器与变送器的区别见表 2-16。

表 2-16　传感器与变送器的区别

对象	区别
传感器	感受被测量（物理量、化学量、生物量等）的大小，将被测量转换成对应电信号进行输出的器件或装置
变送器	将传感器输出的信号变换成便于传输和处理的信号

传感器包含两个必不可少的作用：采集信息以及把采集到的信息转变成与被测量有确定函数关系的易于传输和处理的电量（如电压、电流、电阻、电感或电容）。传感器包含着三层含义：①传感器是一个测量装置；②在规定条件下感受外界信息；③按一定规律转换成易于传输和处理的电信号。

二、自动检测控制系统

检测是指在各类生产、科研、试验及服务等各个领域，为了及时获得被测、被控对象的有关信息，而实时或定时地对一些参量进行定性检查和测量。在生产过程中利用先进的检测技术对生产过程进行检查和监测，对确保安全生产、产品质量、降低能耗、提高劳动生产率和经济效益必不可少。

自动检测和自动控制技术是以传感技术为核心的系统应用，自动测控系统是集检测和控制于一体的测控系统。自动检测控制系统结构框图如图 2-42 所示。

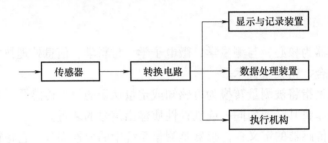

图 2-42　自动检测控制系统结构框图

传感器在检测系统中处于前端，它的性能直接影响整个系统的工作状态与质量。

由"工欲善其事，必先利其器"这句话可知自动检测技术在现代科学技术中的重要性。所谓"事"，是指发展现代科学技术的伟大事业，"器"是指利用自动检测技术而制造的仪器、仪表和工具等。自动检测技术是科学实践和生产实践的重要手段，它的水平高低也是科学技术现代化的重要标志。

三、无线传感技术

无线传感器网络（Wireless Sensor Networks，WSN）由部署在检测区域内数量不等的无线传感器节点组成，通过无线通信方式形成自组织网络系统，传感信息实现互联协作，可采集和处理在网络覆盖区域内的信息。

传感器网络系统通常包括传感器节点、汇聚节点和管理节点。无线传感器网络系统结构示意图如图 2-43 所示。

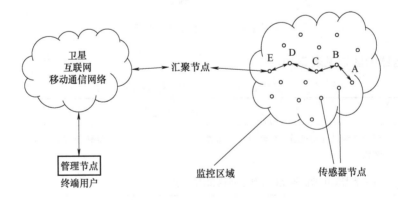

图 2-43　无线传感器网络系统结构示意图

传感器节点监测数据沿着其他传感器节点进行传输，在传输过程中监测数据可能被多个节点处理，达到汇聚节点，最后通过互联网或卫星等达到管理节点。用户通过管理节点对传感器网络进行配置和管理，发布监测任务及收集监测数据。

传感器节点通常是一个微型的嵌入式系统，每个传感器节点兼顾传统网络节点的终端和路由器双重功能，除了进行本地信息收集和数据处理外，还可对其他节点转发的数据进行存储、管理和融合等处理，协同完成一些规定的任务。

　　汇聚节点连接传感器网络和 Internet、卫星或移动通信网络等外部网络，实现两种协议栈之间的通信协议转换，同时发布管理节点的监测任务，把收集的信息传递到外部网络上。汇聚节点可以是一个具有增强功能的传感器节点，也可以是没有监测功能仅有无线通信接口的特殊网关设备。

　　与传统网络相比，无线传感器网络的特点如图 2-44 所示。

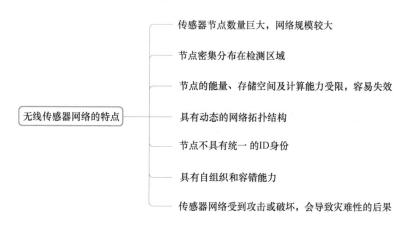

图 2-44　无线传感器网络的特点

 【任务安排】

1. 任务探究

（1）简述传感技术的基本结构及各部分的作用，能举例说明传感器与变送器的不同。

（2）以具体案例说明自动检测控制系统结构中各部分的工作联系。

（3）按照无线传感网络系统示意图布置 5 个传感节点的控制系统。

2. 任务评分

序号	评价内容及标准	自评分	互评分	教师评分
1	能说出传感技术的基本结构（3分）			
2	能说出自动检测控制系统的结构及联系（3分）			
3	能说出无线传感网络的系统结构，并进行分析（2分）			
4	能布置出无线传感网络系统的控制系统（2分）			
	总分			

3. 知识归档

总结知识目录：

(1) _____

_____

(2) _____

_____

(3) _____

_____

⭐ **小知识**

霍尔传感器

霍尔传感器是根据霍尔效应制作的一种磁场传感器。

霍尔效应是磁电感应的一种，这一现象是美国物理学家霍尔于1879年在研究金属的导电机构时发现的。后来发现半导体、导电流体等也有这种效应，而半导体的霍尔效应比金属强得多，利用这一现象制成的各种霍尔元件，广泛地应用于工业自动化技术、检测技术及信息处理等领域。

霍尔效应是研究半导体材料性能的基本方法。通过霍尔效应实验测定的霍尔系数，能够判断半导体材料的导电类型、载流子浓度及载流子迁移率等重要参数。

 【小结】

本节主要介绍了传感技术的基本结构、自动检测控制系统的结构，以及无线传感网络系统的结构及节点作用。

本单元内容为搭建无线传感网络打下了基础。

耀我中华　　　　　传感技术助力2022年北京冬奥会

冬奥赛场上，运动员的精彩表现来自刻苦训练，现代运动员的日常训练和比赛离不开现代科技设备的支持。

短道速滑、速度滑冰等比赛项目需要充分考虑运动员的个性化生理特征、装备特征和环境特征，包括体形、骨骼肌肉、生理生化等，建立运动员数字模型。通过传感器收集相关信息，再经过转换装置形成数据资源，为打造数字模型奠定基础。

运动传感器还能帮助运动员改善运动动作，对提升运动成绩起重要的作用。相比传统的光学传感器，应用惯性感应的传感器还具备捕捉更准确、全天候、抗干扰能力强等优势。可穿戴的运动传感器装载在可穿戴的智能设备中，甚至服装上，可以有效收集运动员的运动数据。

专家表示，无论日常训练还是正式比赛，运动装备的高科技化趋势都日益明显，先进的运动装备能帮助提升训练的科学性和运动员的赛场表现。内置传感器的高科技运动服是备战北京冬奥会的一大研发热点。"传感器能感应和追踪运动员肌肉纤维内部活动，通过应用程序报告各部分肌肉的运动状态。"科研人员说，这可以帮助运动员有针对性地进行训练。

不同的比赛项目对气象条件要求也有区别。例如，自由式滑雪空中技巧比赛要求赛场温度低于0℃，并且1min内的平均风速小于3m/s，而单板滑雪比赛则要求1min内平均风速小于10m/s。

虽然冰上项目比赛在室内进行，受外部条件影响较小，但也同样对场地冰面温度、空气温度及湿度等有特殊要求。以冰壶项目为例，冰面温度要控制在-6℃，馆内湿度控制在50%以下。比赛时，场馆运行团队还需要根据观众鼓掌、欢呼等带来的空气流动和温度等变化随时对馆内各项参数进行调整，以满足比赛需求。

　　传感技术以及精密传感设备实现了高技术标准的数据采集和监控，在国家跳台滑雪中心建立运维云平台统筹设计施工，实现自下而上的信息化集成和智能分析，同时研发了助滑道冰面准分布式智能监测系统和铺面平整性智能检测车，使得助滑道冰面精度与着陆坡表面达到厘米级精度，助滑道冰面温度监测误差小于 0.5℃，填补了国际空白。传感技术助力北京冬奥会之国家速滑馆——"冰丝带"如图 2-45 所示。

图 2-45　传感技术助力北京冬奥会之国家速滑馆——"冰丝带"

☕ **分享时刻**：请结合你所学习的传感技术知识谈一下传感技术如何使生活更便利？

单元 6　走进大数据与云计算

🎖 **单元知识目标:** 能说出云计算与大数据的定义、关系及特点。

🗔 **单元技能目标:** 能设计并构建大数据与云计算应用模型。

⊛ **单元素质目标:** 形成创新思维,提升分析与解决问题的能力。

任务 1　认识大数据与云计算	学生姓名:	班级:

 【知识学习】

一、认识大数据

(一) 大数据的概念

数字作为计算机技术的基础,自 1937 年英国数学家图灵提出"图灵机"的概念,到 1946 年在美国诞生了世界上第一台数字式电子计算机,再到 20 世纪 90 年代以来网络通信技术的迅猛发展和广泛应用,人们的生活和工作已经离不开计算机了。

1998 年,美国提出了"数字地球"概念,紧随其后"大数据"与"云计算"技术逐渐兴起和广泛应用,"数字城市""数字化生存"等以数字为前缀的新概念和新思想随之而来,为拓展数字化和使用数字技术开辟了新的广阔空间。近年来,随着我国制造业信息化的推广和深入,数字车间、数字企业和数字化服务等数字技术已成为企业技术进步的重要标志,也是提高企业核心竞争力的重要手段。

随着互联网与物联网技术的发展,数据量进入一个爆发型大数据时代。如何有效处理不同类型的数据源? 这需要进一步提高数据挖掘算法的效率与性能。

大数据是海量数据,是数据类别复杂的数据集合,并且无法用传统数据库工具对其内容进行抓取、管理和处理。

(二) 大数据的特点

大数据技术是从各种类型的海量数据中快速获取有价值信息的技术。大数据时代理念的三大转变: 要全体不要抽样,要效率不要绝对精确,要相关不要因果。大数据信息系统与传统信息系统的区别见表 2-17。

表 2-17　大数据信息系统与传统信息系统的区别

比较的内容	传统信息系统	大数据信息系统
系统目的	现实事项的数据生产	基于已有数据的应用
前提条件	结构化设计	建立分析与挖掘数据模型
依托对象	人和物	信息系统
加工对象	数据	逻辑
数据采集范围	局部	全局
价值	记录历史方式的事件信息	预测问题,科学决策
效果	数据生产、简单应用	统计挖掘、复杂应用
呈现	局部个体的信息展现	个体在全局中的展现
表现形态	ERP 等企业信息管理系统	宏观决策信息系统
作用	企业信息化	企业智慧"大脑"

大数据具有五个特点：大量（Volume）、高速（Velocity）、多样（Variety）、低价值密度（Value）、真实性（Veracity），简称"5V"特点。

二、认识云计算

（一）云计算的概念

云计算中的"云"是指一些可以自我维护和管理的虚拟计算资源，通常为一些大型服务器集群，包括计算服务器、存储服务器和宽带资源等。云计算将所有的计算资源集中起来，并由软件实现自动管理，是一种以互联网为基础的计算模式，把存储于个人计算机、移动电话和其他设备上的大量信息和处理器资源集中在一起，协同工作。它采用动态的、可扩展的、经过虚拟化的方式处理资源并进行计算，具有强大的存储能力和分布式计算能力。云网络构成示意图如图 2-46 所示。

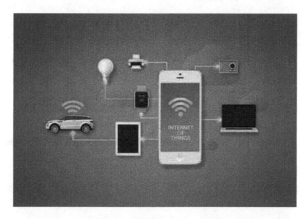

图 2-46　云网络构成示意图

云计算的狭义定义指的是通过分布式计算和虚拟化技术搭建数据中心或超级计算机，以免费或按需租用的方式向技术开发者或者企业客户提供数据存储、分析及科学计算等服务。

云计算的广义定义指的是通过建立网络服务群，向各种不同类型的客户提供在线软件服务、硬件租借、数据存储和计算分析等不同类型的服务。

云计算由并行计算、分布式计算与网格计算发展而来，是基于各种计算机技术概念的商业表现。它包含虚拟化特点、效用计算及服务等，是透明化平台内部数据存储和计算细节的一种计算服务。云计算的变革如图 2-47 所示。

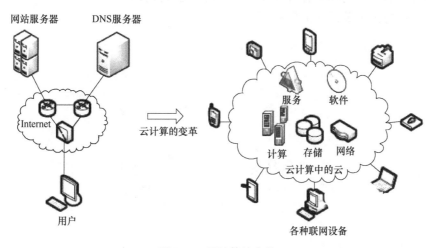

图 2-47　云计算的变革

云计算是数据挖掘中普遍适用的较为理想的计算模式，是从海量数据中找到可理解的有用知识和技术的手段。在进行数据的挖掘处理过程中，需要综合分析处理的数据有非常大的规模，从这些海量数据中找到所需要的内容就要充分应用数据挖掘技术。

（二）云计算的特点

云计算的特点如图 2-48 所示。

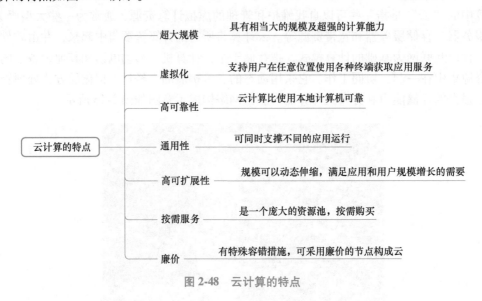

图 2-48　云计算的特点

（三）云计算的分类

云计算按照服务组织和交付方式的不同，可分为公有云、私有云和混合云。

1. 公有云

向所有人提供服务，国内云计算公有云供应商有阿里云、腾讯云、华为云、百度智能云、金山云与京东智联云等。

2. 私有云

针对特定客户群提供服务，如一个企业内部 IT 可以在自己的数据中心搭建私有云，并向企业内部提供服务。

3. 混合云

目前有部分企业整合了内部私有云和公有云，统一交付云服务。

云计算三种服务方式的关系如图 2-49 所示。

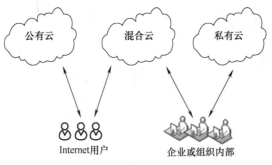

图 2-49　云计算的三种服务方式

三、云计算技术的应用

基于云计算的大数据分析技术应用涉及范围广泛，下面将从人们生活密切相关的方面了解其应用，如图 2-50 所示。

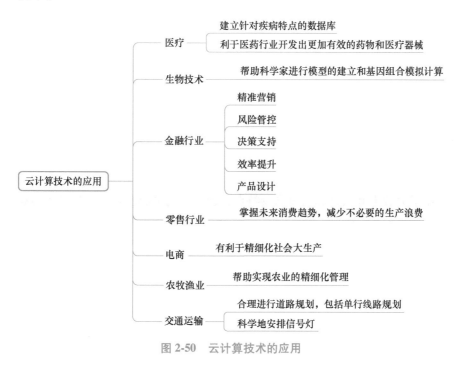

图 2-50 云计算技术的应用

【任务安排】

1. 任务探究

（1）简述普通信息数据与大数据的不同。

（2）分析"百度云""网易云"等云平台，了解云计算的特点及其价值所在。

（3）简述大数据在日常生活及工作中的应用。

2. 任务评分

序号	评价内容及标准	自评分	互评分	教师评分
1	能说出大数据的特点（2分）			
2	能说出云计算的概念与特点（2分）			
3	能分析云计算的分类及其价值（2分）			
4	知道大数据与云计算的现状（2分）			
5	能说出云计算技术的具体应用案例（2分）			
总分				

3. 知识归档

总结知识目录：

(1)＿＿＿＿＿＿＿＿＿＿＿＿＿＿＿＿＿＿＿＿＿＿＿＿＿＿＿＿＿

＿＿＿＿＿＿＿＿＿＿＿＿＿＿＿＿＿＿＿＿＿＿＿＿＿＿＿＿＿＿＿＿

(2)＿＿＿＿＿＿＿＿＿＿＿＿＿＿＿＿＿＿＿＿＿＿＿＿＿＿＿＿＿

＿＿＿＿＿＿＿＿＿＿＿＿＿＿＿＿＿＿＿＿＿＿＿＿＿＿＿＿＿＿＿＿

(3)＿＿＿＿＿＿＿＿＿＿＿＿＿＿＿＿＿＿＿＿＿＿＿＿＿＿＿＿＿

＿＿＿＿＿＿＿＿＿＿＿＿＿＿＿＿＿＿＿＿＿＿＿＿＿＿＿＿＿＿＿＿

【小结】

本节主要介绍了大数据和云计算的概念及特点，云计算的分类及价值，以及大数据与云计算技术的应用情况。

任务 2　构建大数据与云计算应用模型	学生姓名：	班级：

【知识学习】

一、大数据的分析与处理

（一）大数据的分析

随着近年来网络规模的不断扩大，随时产生着海量数据。进行数据分析远比数据搜索复杂得多，大数据分析主要包括以下五个基本方面。

1. 可视化分析

直观展示数据，能够直观地呈现大数据特点，同时容易被用户所接受。使用者可以是大数据分析专家，也可以是普通用户。数据可视化是数据分析工具最基本的要求。

2. 数据挖掘算法

利用集群、分割、孤立点分析等算法深入数据内部，挖掘数据价值。各种数据挖掘的算法基于不同的数据类型和格式，更加科学地呈现数据本身具备的特点，能更快速地处理大数据。数据挖掘是给机器看的，让分析员更好地理解数据。数据挖掘的基本流程一般是：数据准备、数据理解、建立模型、模型评估、模型应用及商业理解，如图 2-51 所示。

图 2-51　数据挖掘基本流程示意图

基于云计算的数据挖掘，采用低成本的分布式并行计算环境，不依赖具有高性能的计算机，保证了容错性，为企业和运营商缩减了成本，保证并提高了处理大量数据的能力与效率。

3. 预测分析能力

从大数据中挖掘数据特点，科学地建立模型，通过模型带入新的数据，从而预测未来的数据。预测性分析可让分析员根据可视化分析和数据挖掘的结果做出一些预测性的判断。

4. 语义引擎

能从数据中智能提取信息，通过对用户的搜索关键词、标签关键词及其他输入语义进行分析并判断用户需求，从而实现更好的用户体验和广告匹配推送。

5. 数据质量和数据管理

通过标准化的流程和工具对数据进行处理，保证一个预先定义好的高质量分析结果。大数据分析离不开数据质量和数据管理，无论是学术研究还是在商业应用领域，都需要保证分析结果的真实和有价值。

（二）大数据处理的流程

大数据处理的流程一般为采集、导入预处理、统计分析及挖掘四个步骤，如图 2-52 所示。

图 2-52　大数据处理一般流程图

1. 采集

利用多个数据库收发客户端（Web、App 或传感器形式等）的数据，用户可以通过这些数据库简单地查询和处理工作。采集过程中，并发数高而且有可能有成千上万用户同时进行访问和操作，如火车票售票网站和淘宝，数据并发的访问量在峰值时可以达到上百万，因此需要在采集端部署大量数据库才能支撑。

2. 导入预处理

要对海量数据进行有效的分析，应该将这些来自前端的数据导入到一个集中的大型分布式数据库，或者分布式存储集群，同时在导入基础上进行一些简单的清洗和预处理。导入与预处理过程的主要问题是导入的数据量巨大，每秒的导入量经常会达到百兆，甚至千兆级别。

3. 统计分析

统计分析主要利用分布式数据库或者分布式计算集群对存储的海量数据进行普通分析和分类汇总等，以满足大多数常见的分析需求，其涉及的数据庞大，会占用极大的系统资源。

4. 挖掘

挖掘是基于各种算法的计算，从而达到预测的效果，实现一些高级别数据分析的需求。挖掘过程中的算法很复杂，涉及的数据量和计算量巨大，常用数据挖掘算法以单线程为主。

二、云计算背景下数据挖掘的关键技术

云计算背景下大数据挖掘的关键技术包括分布式/并行技术、数据挖掘算法以及服务管理技术。

(一) 分布式/并行技术

1. 分布式存储技术

分布式存储技术是一种新型存储技术，它把数据分散地存储在不同节点中，再建立各个节点之间的关系，节省了大量空间，提高了数据的存储效率。这种技术的成本低，具有明显的经济优势。

2. 并行计算技术

并行计算技术是一种高效的数据计算技术，能够同时执行多条命令，提高了计算的速度，提升了数据处理的效率。在分布式/并行技术中，提供分布式文件存储是云计算的核心，其中分布计算、分布式文件存储起到了提高数据处理速度的作用，为并行计算提供了条件。

(二) 数据挖掘算法

云计算背景下的大数据范围广且深，要进行数据挖掘，需集中多种算法。数据挖掘算法作为数据处理平台的核心算法，包括统计、数据建模、人工智能等多学科知识。该算法常采用统计分析、决策树、神经系统等通过数据平台将庞大的数据进行分类处理，快速将数据分类并进行快速、简单地描述，通过能自我学习、自我组织和自适应的神经网络对数据交互产生的结果进行联想和预测。

(三) 服务管理技术

服务管理技术从确保基于云计算的大数据挖掘体系能够满足用户的需求，为用户提供优质和高质量的服务的角度出发，增强了大数据挖掘体系的服务能力。服务管理层保证了数据的可靠性、安全性和可用性，包括服务质量保证和安全管理等。

由于云计算有限的水平和庞大的规模，很难满足不同用户对服务质量的要求。为此制定了服务水平协议，对服务质量的需求和要求进行约定和规范。

云计算与大数据的关系如图 2-53 所示。

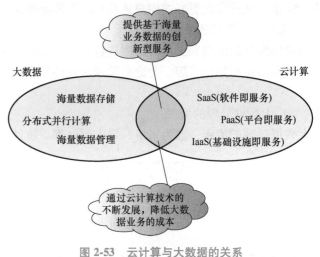

图 2-53　云计算与大数据的关系

三、云计算大数据处理体系的架构

云计算大数据处理体系架构平台是结合了多种计算、存储模式，并具有强大的分析挖掘功能，整体上呈现出云计算+客户端的结构，以一系列服务为表现，根据需求做出服务的一种新模式。云计算大数据处理体系架构平台分为服务层、功能层和支撑平台层三个大的层次。

（一）服务层

对海量的大数据处理进行挖掘、分析与运行，通过服务窗口与使用者进行交互，将得出的结果可视化，即将可见的数据技术和服务展示给用户。核心服务层在当前被分为三个子层，如图 2-54 所示。

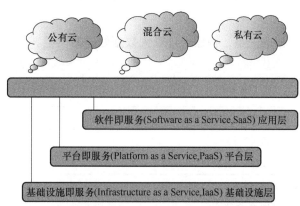

图 2-54　云计算的核心服务层层次

1. 基础设施层

基础设施即服务（Infrastructure as a Service，IaaS）提供硬件基础设施部署服务，根据用户需求提供计算量和网络资源。IaaS 以云计算技术对计算资源进行远程访问为特点，以个人用户和企业为服务对象，功能包括存储、运算及虚拟化应用。数据中心是 IaaS 层的基础，IaaS 对于数据中心的管理和优化分配采用了虚拟化技术。

2. 平台层

平台即服务（Platform as a Service，PaaS）提供服务管理和应用程序的部署。通过 PaaS 层的软件工具和开发语言，应用程序的开发者只需要上传程序的源代码，不需要关注硬件的管理问题。PaaS 层可以对互联网应用平台（如淘宝、京东、Google 等）的海量数据进行存储和处理，利用有效调度策略对资源进行管理，提高处理效率。

3. 应用层

软件即服务（Software as a Service，SaaS）以云计算为基础平台开发的，是一种应用程序，是用户取得软件服务的另一种方式。通过租用软件，用户和企业通过互联网向特定供应商获取需要的相关软件服务功能。在生产和生活中，SaaS 无处不在，例如，使用的手机云服务、微信小程序和网页中的一些云服务等。

（二）功能层

功能层是整个数据挖掘系统的核心，其中包括数据预处理子系统和并行数据挖掘子系统两个模块。由于在云环境中，计算模型主要适用于同类型、结构一致的数据，因此需要系统对不规则的大数据预先处理，处理结果作为数据挖掘算法的输入。常用的数据预处理方式包括并行数据的清洗、数据转换、数据抽取、集成预加载等，数据经过预处理后，无用数据的比例减少，提高了数据挖掘的效率。并行数据挖掘子系统是整个数据挖掘平台的核心模块。

（三）支撑平台层

支撑平台作为功能运算和操作的基础，置于平台架构系统的最底层，在存储海量数据方面起到重要作用，采用分布式并行处理数据。作为大数据挖掘的资源和动力支撑，数据需要备份多个副本，以保证数据的安全和可行性。

 【任务安排】

1. 任务探究

（1）结合案情，分析某交通路口监控视频或一段小视频的相关数据，探讨对应大数据分析方法。

（2）根据处理大数据的一般步骤分析电商的调研和精准营销案例。

（3）根据云计算与大数据的关系，构建云计算大数据处理的模型。

2. 任务评分

序号	评价内容及标准	自评分	互评分	教师评分
1	能说出大数据分析的五个方面（2分）			
2	能说出大数据处理的方法和步骤（3分）			
3	能说出云计算与大数据的关系（3分）			
4	能构建云计算大数据处理的模型（2分）			
总分				

3. 知识归档

总结知识目录：

（1）_____

_____

（2）_____

_____

（3）_____

⭐ 小知识

从一段视频与一幅图像数据量大小看大数据

目前，我们常用计算存储空间的最小单位为 1 位（bit），字节（Byte）是计算机信息技术中用于计量存储容量和传输容量的一种计量单位，1 字节等于 8 个二进制位，即 1 Byte = 8 bit。

从硬盘（或者称为存储空间）来说，我们用到的最小单位是千字节（KB, Kilobyte），其大小为 2^{10} 字节，即 1KB = 2^{10} B = 1024B。

以后的换算基本都是以 2^{10} 来递增的。

1KB（Kilobyte）= 1024B，即 2^{10} 字节，读为"千字节"。

1MB（Megabyte）= 1024KB，即 2^{20} 字节，读为"兆字节"。

1GB（Gigabyte）= 1024MB，即 2^{30} 字节，读为"吉字节"。

1TB（Terabyte）= 1024GB，即 2^{40} 字节，读为"太字节"。

1PB（Petabyte）= 1024TB，即 2^{50} 字节，读为"拍字节"。

1EB（Exabyte）= 1024PB，即 2^{60} 字节，读为"艾字节"。

【小结】

本节主要介绍了大数据分析的五个方面、大数据处理的方法和步骤、云背景下数据挖掘的关键技术，以及云计算大数据平台的一般架构。

本单元内容为信息数据处理技术及相关专业的学习打下了基础。

大数据与云计算技术助力 2022 年北京冬奥会

2022 年北京冬奥会期间，奥运会各国参赛选手信息由抵离信息系统监管。抵离信息系统建立在大数据、云计算技术等信息技术基础上，与多系统实现无缝衔接，数据共享，收集、管理和使用包括运动员及随队官员、奥林匹克大家庭成员和贵宾、国际单项体育联合会人员、媒体人员、转播商工作人员、市场合作伙伴等约 3.2 万名奥运会客户群及随行物品的抵离信息。赛时，抵离信息系统为奥运会保障单位和服务领域提供数据服务，提高并保障了服务质量和运行水平。

其中，张家口赛区借助最新科技，整合张家口市交通全行业数据，实现对人、车、路、场、站的自动监测和预警，实时监控并通报道路畅通、车辆运行、场站占用率等情况，并对赛时的交通运输安全进行透明化监督管理和扁平化调度指挥。2022 年北京冬奥会张家口赛区数据调度指挥如图 2-55 所示。

图 2-55　2022 年北京冬奥会张家口赛区数据调度指挥

分享时刻： 请结合你所了解的大数据技术谈一下大数据技术与云计算如何助力使生活更便利。

单元 7　走进虚拟现实技术

单元知识目标：能说出虚拟现实技术的定义、特征及结构。

单元技能目标：能设计并构建虚拟现实技术的模型。

单元素质目标：形成创新思维，提升分析与解决问题的能力。

任务 1　认识虚拟现实技术	学生姓名：	班级：

【知识学习】

一、虚拟现实的概念

虚拟现实（Virtual Reality，VR）指计算机生成一种模拟环境，并通过多种专用设备使用户沉浸到该环境中，实现用户与该环境直接进行自然交互的技术。VR 技术可以使用户对虚拟世界中的物体进行考察或操作，同时提供视觉、听觉和触觉等多种直觉而自然的实时感知。

虚拟现实技术本质上是一种高度逼真的模拟人在现实生活中视觉、听觉和动作等行为的人机交互技术。虚拟现实技术应用示意图如图 2-56 所示。

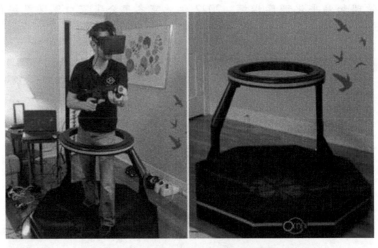

图 2-56　虚拟现实技术应用示意图

虚拟现实还包括虚拟环境、感知、自然技能和传感器四个相关概念。

（1）虚拟环境：由计算机生成的环境，具有双视点的实时动态三维立体的逼真模型，可通过视觉、听觉、触觉参与其中。虚拟环境可以是某一特定现实世界的虚拟实现，也可以是自由想象的虚拟空间。

（2）感知：虚拟现实技术应具有人类所具有的一切感知。

（3）自然技能：包括人头部、眼睛、手势或其他的人体行为动作。计算机处理与用户动作相适应的数据，并对用户的输入做出实时反应。

（4）传感器：三维交互设备，常用的有立体头盔、数据手套、三维鼠标、数据衣服等置于环境中的装置，可穿戴于用户身上。

下面通过对虚拟现实与计算机仿真、虚拟现实与三维动画进行比较（分别见表 2-18、表 2-19），进一步分析虚拟现实的意义。

表 2-18　虚拟现实和计算机仿真比较

虚拟现实	计算机仿真
对现实世界的创建和体验	计算机模拟和分析现实世界的系统
较高的真实度，要求达到或接近人们对现实世界的认识	得到一些性能参数，主要对运动原理、力学原理等进行模拟，以获得仿真对象的定量反馈，对场景的真实程度要求不高
能够提供人类所具有的所有感知	一般只能提供视觉感知
用户沉浸于虚拟空间，可以从虚拟空间的内部向外观察，甚至可以把用户暂时与外部环境隔离开，使用户融合到虚拟现实中，逼真地观察所研究的对象，更自然、真实地进行实时交互	利用计算机软件模拟真实环境进行科学实验，采用用户输入参数、系统显示处理结果的对话模式，但无法与模拟世界进行实时交互
虚拟现实可看作是更高层次的计算机仿真，在一定程度上是对计算机仿真的扩充和加强，是计算机仿真发展的新方向	

表 2-19　虚拟现实与三维动画的比较

虚拟现实	三维动画
由基于真实数据建立的数字模型组合而成，严格遵守工程项目设计的标准和要求，属于科学仿真系统 操作者亲身体验虚拟三维空间，身临其境	场景画面由动画制作人员根据材料或想象直接制成，与真实的环境和数据有较大的差别，属于演示类艺术作品 预先设定的观察路径，无法改变
参与者可以实时感受运动带来的场景变化，步移景异，并可亲自布置场景，具有双向互动的功能	只能如电影一样单向演示，场景变化、画面需要事先制作生成，耗时、费力、成本较高
支持立体显示和 3D 立体声、三维空间	不支持
没有时间限制，可真实详尽地展示，并可以在虚拟现实基础上导出动画视频文件，同样可以用于多媒体资料制作和宣传，性价比高	受动画制作时间限制，无法详尽展示，性价比低
实时三维环境中，支持方案整理、评估、管理和信息查询等事物处理功能，适合较大型复杂工程项目的规划、设计等需要，同时又具有更真实和直观的多媒体演示功能	只适合简单的演示功能

（一）VR 与多媒体、多通道人机界面技术比较

二者研究目的不同，虚拟现实依靠立体视觉、身体跟踪和立体音响等技术模拟现实世界，使用户获得一种沉浸式的多种感知通道的体验。VR 中计算机生产的视听幻觉涉及人脑固有的感觉——效应通道的协调机制。多通道研究力求详尽地探索人体感知和控制行为中的各种并行和协作特性，允许用户利用多个交互通道以并行、非精确的方式与计算机系统进行交互，提高人机交互的自然性和高效性。

从交互行为的研究上来看，虚拟现实技术的研究与多通道研究之间存在交集，但更侧重于应用系统。

（二）VR 和 3D 游戏比较

在 3D 游戏中，操作者和游戏角色是分离的，操作者用鼠标、键盘等控制游戏中的角色。游戏中的动作和情景是预先设定和定义好的，基本是固定的。VR 在循环中仿真，虚拟现实能根据观察者的位置和姿势发生变化。

如今，虚拟现实技术与 3D 游戏之间的区别越来越模糊，一些游戏已经开始采用虚拟现实技术，如 Web3D，而虚拟现实中的一些技术同样来自游戏。

二、虚拟现实技术的特点

虚拟现实是以仿真的方式给用户创造一个实时反映实体对象变化与相互作用的三维虚拟世界，并通过头盔显示器、数据手套等辅助传感设备提供给用户一个观测及与该虚拟世界交互的三维界面，使用户可直接参与并探索仿真对象在所处环境中的作用与变化，产生沉浸感。

虚拟现实的三角形特点：沉浸感、交互性和想象性，如图 2-57 所示。

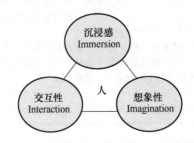

图 2-57　虚拟现实技术的三角形特点

1. 沉浸感

通过计算机图形构成三维数字模型，产生一种人为虚拟空间，使用户在视觉上产生一种沉浸于虚拟空间的感觉。

除了一般计算机技术所具有的视觉感知之外，在虚拟现实中还有听觉感知、力度感知、触觉感知和运动感知，甚至包括味觉感知、嗅觉感知等。理想的虚拟现实技术应该具有一切人类所具有的感知功能。视听感觉等信息源可以传达协同工作者对事情的真实态度和情绪，是虚拟地理环境中协同工作者之间交流的重要组成部分，并且在分析地理数据和决策规划中起着非常重要的作用。

2. 交互性

虚拟现实通常与 CAD 系统所产生的模型及传统的三维动画不一样，它是一个开放的、互动的环境，虚拟现实空间可以通过控制与监视装置影响使用者或被使用者影响，这是 VR 的第二个特征。为了实现人机之间的充分交互，必须设计特殊输入工具和演示设备，以识别人的各种命令，且提供相应的反馈信息，实现仿真效果。

3. 想象性

虚拟现实技术具有广阔的可想象空间，可拓宽人类认知范围，不仅可再现真实存在的环境，也可以随意构想客观不存在的甚至是不可能发生的情景。

虚拟现实是高度发展的计算机技术在各种领域的应用过程的结晶和反映，不仅包括图形学、图像处理、模式识别、网络技术、并行处理技术和人工智能等高性能计算技术，还涉及数学、物理、通信，甚至气象、地理、美学、心理学和社会学等学科。

 【任务安排】

1. 任务探究

（1）虚拟现实包括哪几个相关概念？

（2）虚拟现实的意义是什么？

（3）虚拟现实的三角形特点是什么？

2. 任务评分

序号	评价内容及标准	自评分	互评分	教师评分
1	能说出虚拟现实的概念（2分）			
2	能掌握虚拟现实技术的三大特点（3分）			
3	能说出虚拟现实的意义（2分）			
4	能说出虚拟现实包括的四个相关概念（3分）			
	总分			

3. 知识归档

总结知识目录：

（1）_____

（2）_____

（3）_____

（4）_____

【小结】

本节主要介绍了虚拟现实的概念、虚拟现实技术的三大特点及作用，以及与虚拟现实相关的四个概念。

任务2　构建虚拟现实系统	学生姓名：	班级：

【知识学习】

一、虚拟现实系统的组成

虚拟现实系统主要包括虚拟与真实环境、感知设备、跟踪/控制模块与检测模块，其基本构成如图2-58所示。

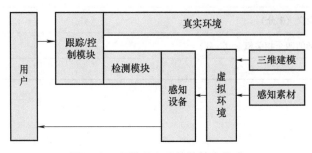

图2-58　虚拟现实系统的基本构成

（一）虚拟与真实环境

虚拟环境包括虚拟场景与虚拟实体的三维模型。

真实环境在增强现实系统中作为环境的一部分，也和用户进行交互。

（二）感知设备

感知设备是用户感知模块，包括具有多种感知技术的硬件设备，是将虚拟世界各类感知模式转变为人们能接受的多通道刺激信号的设备。感知包括视觉、听觉、触（力）觉、味觉、嗅觉等多种通道。相对成熟的感知信息产生和检测的技术主要有视觉、听觉和触（力）觉三种通道。

（1）视觉感知设备：立体宽视场图形显示器。立体宽视场图形显示器可分为沉浸式和非沉浸式两大类。

（2）听觉感知设备：三维真实感知声音的播放设备。常用的有耳机式、双扬声器组和多扬声器组三种。通常由专用声卡将单通道声源信号处理成具有双耳效应的真实感声音。

（3）触觉/力觉感知设备：触觉/力觉反馈装置。触觉和力觉实际是两种不同的感知。触觉包括的感知内容更丰富一些，例如，包含一般的接触感，进一步应包括感知材料的质感、纹理感及温度感等。力觉感知设备要求能反馈力的大小和方向，与触觉反馈装置相比，力觉反馈装置相对成熟一些。

（三）跟踪/控制模块

跟踪设备是跟踪并检测位置和方位的装置，用于虚拟现实系统中基于自然方式的人机交互操作。目前，先进的跟踪定位系统可用于动态记录人体运动，如舞蹈、体育竞技运动动作等，在计算机动画、计算机游戏设计和运动员动作分析等方面有着广泛的应用。

最常用的跟踪/控制设备有基于机械臂原理的设备、磁传感器原理的设备、超声传感器原理的设备和光传感器原理的设备四种。除机械臂式定位跟踪器以外，其他三种跟踪器都由一个或多个信号发射器及数个接收器组成。发射器安装在虚拟现实系统中的固定位置，接收器安装在被跟踪的部位，如安装在头部，通常用来跟踪视线方向；安装在手部，通常用来跟踪交互设备如数据手套的位置及其朝向；多个接收器安装在贴身衣服的各个关节部位上，用于实时记录人体各个活动关节的位置，经过软件处理可实时跟踪显示人的动作。

　　用户控制模块可实现用户指令下达，直接控制用户在虚拟场景中的行为及对虚拟实体/场景的实时交互动作，包括头盔跟踪器、眼球跟踪器、数据手套、肢体、语音综合和识别装置等硬件设施。

（四）检测模块

　　检测模块将接收到的用户指令编译为机器语言的软件插件，接收到从控制模块发出的指令，在指令库中查询匹配，做出响应并最终以特定系统语言传送到用户感知模块。

　　虚拟现实系统的典型构成示意图如图 2-59 所示。

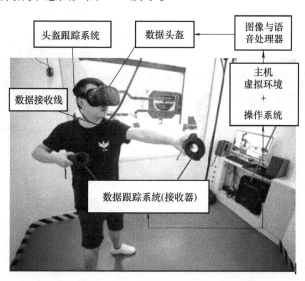

图 2-59　虚拟现实系统的典型构成示意图

　　在设计开发虚拟现实系统的过程中，采用的软件和硬件设备不同，最终实现的虚拟现实系统的效果也将不同。

二、虚拟现实的关键技术

　　虚拟现实技术综合了各学科的最新研究成果，包括计算机科学、通信网络技术、地理学、地理信息系统和遥感科学等多领域的成果。虚拟现实主要有以下几个关键技术示意图如图 2-60 所示。

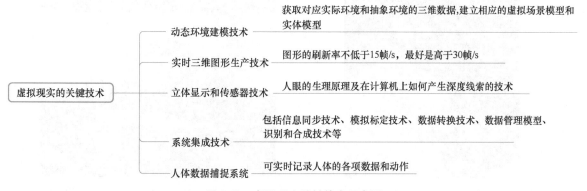

图 2-60　虚拟现实关键技术示意图

三、虚拟现实系统的分类

　　各种虚拟现实系统的主要不同之处在于系统与用户之间的界面。目前基于系统与用户界面的不同，可将虚拟现实系统分为桌面型虚拟现实系统、投入型虚拟现实系统、增强现实型虚拟现实系统和分布式虚拟现实系统四大类。

（一）桌面型虚拟现实

利用个人计算机、中低端图形工作站及立体显示器进行仿真，计算机的屏幕作为用户观察虚拟境界的一个监视器，各种外部设备一般用来操作虚拟空间的各种物体和位置移动。外部设备有鼠标、追踪球或力矩球等。

特点：桌面级的虚拟现实成本相对低一些，应用面比较广，最大的缺点是不能完全投入，沉浸感较差。桌面型虚拟现实示意图如图 2-61 所示。

（二）投入型虚拟现实

高级虚拟现实系统利用头盔式显示器或其他设备提供一个新的虚拟感受空间，把参与者的视觉、听觉和其他感受集中起来，并利用位置跟踪器、数据手套和其他手控输入等设备使用户有一种置身于虚拟世界中的感觉，能提供完全投入的功能。

图 2-61　桌面型虚拟现实示意图

1. 基于头盔式显示器的系统

参与虚拟体验者要戴上一个头盔式显示器，视听与外界隔绝，根据应用的不同，系统将提供能随头部转动而产生的立体视听感觉和三维空间。通过语音识别、数据手套和数据服装等先进的接口设备，使参与者以自然的方式与虚拟世界进行交互，如同现实世界一样。该系统是目前沉浸度最高的一种虚拟现实系统。基于头盔式显示器的虚拟现实体验如图 2-62 所示。

2. 投影式虚拟现实系统

让参与者从一个屏幕上看到自己在虚拟世界中的形象，使用电视技术中的"键控"技术，参与者站在纯色背景下，由前面的摄像机捕捉其形象，并通过连接电缆将图像数据传送给后台处理计算机，计算机将参与者的形象与纯色背景分开形成一个虚拟空间，与计算机相连的视频投影仪将参与者的形象和虚拟世界本身一起投射到参与者观看的视频上，参与者就可以看到自己在虚拟空间中的活动情况。参与者可以与虚拟空间进行实时交互，计算机可识别参与者的动作，并根据用户动作改变虚拟空间，如参与者来回拍一个虚拟的球或者走动等，像在真实空间中一样。投影式虚拟现实系统示意图如图 2-63 所示。

图 2-62　基于头盔式显示器的虚拟现实体验

图 2-63　投影式虚拟现实系统示意图

3. 远程存在系统

这是一种虚拟现实与机器人控制技术相结合的系统。当某处的参与者操作一个虚拟现实系统时，结果却在另外一个地方发生，参与者通过立体显示器获得体验，显示器与远地的摄像机相连，通过运动跟踪与反馈装置跟踪操作员的运动并反馈到远程端。远程存在系统的示意图如图 2-64 所示。

（三）增强现实型虚拟现实

增强现实型虚拟现实不仅是利用虚拟现实技术来模拟现实世界，仿真现实空间，还可增强参与者对真实环境的感受。例如，战机飞行员的平视显示器可以将仪表度数和武器瞄准数据投射到安装在飞行员前面的穿透式屏幕上，使体验者不必低头读取座舱中仪表的数据，可集中精力盯着"敌人"的飞机和导航。

图 2-64　远程存在系统的示意图

（四）分布式虚拟现实

多个用户通过计算机网络连接在一起，同时参加一个虚拟空间，共同体验虚拟经历，虚拟现实提升到一个更高的境界，即分布式虚拟现实系统。目前最典型的分布式虚拟现实系统是作战仿真互联网和由坦克仿真器（Cab 类型）通过网络连接的 SIMNET，通过 SIMNET 位于德国的仿真器可以和位于美国的仿真器一样运行在同一个虚拟空间，参与同一场作战演习。美国国防部推动的作战仿真互联网（Defense Simulation Internet，DSI）是目前最大的 VR 项目之一。

四、虚拟现实技术的应用及发展趋势

自从虚拟现实技术诞生以来，已经在航空航天、视景仿真、船舶建造与设计、军事模拟、机械工程、先进制造、城市规划、地理信息系统、医学生物等领域显示出可观的经济、军事和社会效益。

虚拟现实极大扩展了人类感知、认识世界的能力，使人类可以不受时空的限制，去经历和体验世界上早已发生或尚未发生的事件，观察和研究同一事件在各种假想条件下的发生和发展过程；深入到人类生理活动难以到达的宏观或微观世界去进行研究和探索，从而为人类认识世界和改造世界提供了全新的方法和手段；提供自然高效的人机交互界面，更好地协助人类从事需要复杂操作的活动；通过虚拟环境所保证的真实性，用户可以根据其在虚拟环境中的体验，对所关注的客观世界中发生的事件做出判断和决策。

虚拟现实技术的这些性质使得它在我国国民经济建设、国防安全和文化教育等领域有着广阔的应用前景。

例如，在虚拟制造中，虚拟现实系统集工业逻辑仿真、三维可视化虚拟表现、虚拟外设交互等功能于一体，三维虚拟工业仿真系统包括虚拟装配、虚拟设计、虚拟仿真和员工培训四个子系统。三维虚拟工业仿真系统结构示意图如图 2-65 所示。

虚拟装配：实现用户的可定制设备零件库，在三维可视化环境中实现设备零件的装配。

虚拟设计：实现根据 CAD 图样及设备零件参数进行设备及工厂的设计与改造。

虚拟仿真：实现设备参数设定、设备运行、生产运行流程和设备交互操作仿真功能。

员工培训：实现生产流程三维可视化演示、设备操作虚拟交互培训、按岗位考试、事故预演、三维仿真应急演练等功能。模型化、角色化、事件化的虚拟模拟，使演练更接近真实情况，降低演练和培训成本，降低演练风险。

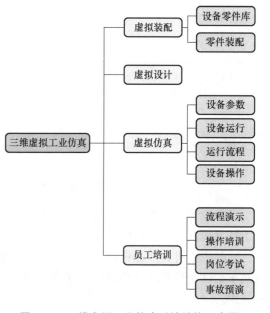

图 2-65　三维虚拟工业仿真系统结构示意图

传统的信息处理环境一直是人适应计算机的单维数字化空间，当今的目标或理念是要逐步使计算机适应人的多维信息空间。人们要求通过视觉、听觉、触觉、嗅觉，以及形体、手势或口令参与到信息处理环境中，从而获取沉浸感受。

综合运用虚物实化和实物虚化，使得虚拟环境中既有计算机创造出来的虚拟实体，又有真实世界物景。在虚拟地理环境中，两个用户的化身可以在同一个虚拟地理位置进行面对面的交流。信息源可以包含视觉、听觉甚至味觉等多种信息源，用户拥有一种沉浸感，可以身临其境地感受到虚拟地理环境的一部分。

未来虚拟现实技术的发展趋势是追求多维信息空间和基于自然交互方式等更和谐、便捷、舒适的人机交互风格，用户能够利用日常生活中的自然技能实现人机互动沟通，提高工作效率。

 【任务安排】

1. 任务探究

（1）认识虚拟现实的概念及特点。

（2）了解构建虚拟现实系统的框架和关键技术。

2. 任务评分

序号	评价内容及标准	自评分	互评分	教师评分
1	简述虚拟现实系统的结构（3分）			
2	能说出虚拟现实的关键技术（2分）			
3	能说出虚拟现实系统的分类（2分）			
4	能说出虚拟现实技术的应用与发展（3分）			
	总分			

3. 知识归档

总结知识目录：

（1）_____

_____

（2）_____

_____

（3）_____

_____

⭐ 小知识

虚拟现实在汽车行业等虚拟制造中的应用

虚拟现实技术是虚拟制造系统的基础与灵魂。虚拟制造系统是由多学科知识形成的综合系统，利用计算机技术对必须生产和制造的产品进行全面建模和仿真，能够仿真非实际生产的材料和产品，同时产生有关产品的信息，可以指定零件生产的机加工方案，拟定产品检验和试验步骤等。在汽车柔性制造系统（FMS）、计算机集成制造系统（CMIS）的设计和应用中就广泛运用了虚拟现实技术。

在美国通用汽车公司，汽车设计师可以通过虚拟现实原型技术精心进行测试，工作人员可以驾驶虚拟汽车在虚拟公路上行驶，以便检查汽车的各种功能，或坐在驾驶室中检查视野情况等。

日产汽车利用虚拟现实技术模拟生产线上的过程，使用虚拟工具、虚拟机械手和虚拟雇员，利用数据库中存在的 CAD 信息模拟一种虚拟的生产线，提前了解到各生产过程中可能出现的不同问题。如用虚拟现实软件试线时，模拟从仪表板上拆除气囊组件时，发现挡风玻璃碍事，且总装线上的工人得窝着脖子干活等问题，提前发现这些问题并及时解决，可以避免正式生产时的麻烦和巨大的经济损失。

【小结】

本节主要介绍了虚拟现实技术的应用，以及虚拟现实技术的应用发展趋势。
本单元内容为工业仿真技术及相关专业技术的学习打下了基础。

虚拟现实技术助力 2022 年北京冬奥会

为丰富观众体验，北京冬奥会开启"智能观赛"模式，即使不在现场，也能"身临其境"。随着中国体育产业不断发展和科技创新加速推进，人工智能、虚拟现实（VR）、5G 通信、360°回放、无人机等先进技术在北京冬奥会上得到综合运用。其中，虚拟现实技术正在越来越多地应用于赛事直播等领域，特别是在滑雪等对场地要求较高的运动项目中，可以将所有慢动作 360°无死角转动回放，给观众以"丰富+震撼"的观赛体验。

虚拟仿真技术还可以通过模拟、优化比赛场景，突破场地、气候限制，对运动员实现系统辅助训练，帮助运动员提升竞技水平和综合素质。如何应用科技手段，模拟真实高山滑雪赛场环境呢？通过采集信息，利用虚拟现实技术把滑雪场景重建并显示出来，该成果可帮助运动员进行赛前模拟，提前适应比赛环境；可辅助教练员纠正运动员训练动作，从而有效提高训练效率；还可用于春、夏、秋季运动员的滑雪训练，以及非运动员进行室内仿真滑雪体验。

图 2-66　虚拟现实技术助力 2022 年北京冬奥会

虚拟现实滑雪体验系统可以让滑雪运动员在备战过程中以多种方式使用，包括比赛场地的提前检查，提前适应环境变化，练习比赛路线等，同时可以面向大众进行滑雪科普，帮助学习者掌握滑雪技能、增强安全知识。虚拟现实技术助力2022 年北京冬奥会如图 2-66 所示。

分享时刻：请结合你所了解的虚拟现实技术谈一下虚拟现实如何助力使生活更便利。

单元 8 走进信息安全技术

 单元知识目标：能说出信息安全的定义及主要技术。

单元技能目标：能举例说出信息安全面临的风险及具体的防控措施。

单元素质目标：形成创新思维，提升分析与解决问题的能力。

任务 1　认识信息安全	学生姓名：	班级：

【知识学习】

一、信息安全的概念

信息安全是用于保证用户数据处理系统及信息传递安全可靠的重要技术。安全服务的主要目的是对抗攻击，以保证信息的基本属性不被破坏，同时保证信息的不可抵赖性和信息提供者身份的可认证性。图 2-67 所示为公民个人信息被窃取示意图。

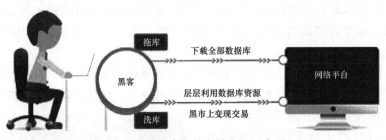

图 2-67　公民个人信息被窃取示意图

信息安全主要体现在信息的完整性、机密性和可用性三个方面。

（1）信息完整性（Integrity）：信息必须是正确和完全的，能够免受未授权或无意更改的危险。

（2）信息机密性（Confidentiality）：信息免受未授权的披露。

（3）信息可用性（Availability）：信息在需要时能够及时获得，以满足业务需求。

信息系统安全的威胁主要有三种：人为的无意失误、人为的恶意攻击及软件漏洞。

信息安全技术研究主要以提高安全防护、发现隐患、应急响应及信息对抗能力为目标。现代信息安全的内涵主要包括信息安全基础设施建设、信息攻防技术、信息安全服务技术三个方面。

（一）信息安全基础设施建设

信息安全基础设施建设涉及密码技术、安全协议、安全操作系统、安全数据库、安全服务器、安全路由器等关键技术。其中，密码技术主要包括基于数学的密码技术和基于非数学的密码技术两种。密码技术的分类见表 2-20。

表 2-20　密码技术的分类

密码技术分类	举例
基于数学的密码技术	公钥密码、序列密码、数字签名、Hash 函数、身份识别、秘钥管理、PKI 技术等
基于非数学的密码技术	量子密码、DNA 密码、图片密码等

（二）信息攻防技术

在广泛应用的互联网上，会出现黑客、病毒入侵破坏事件，不良信息传播等情况。各国和各种组织出于政治、经济、军事等目的而产生的信息战、信息攻防技术已成为研究热点。信息攻防技术涉及信息安全防御和信息安全攻击两方面，主要包括黑客攻防技术、病毒攻防技术、信息分析与监控技术、入侵监测技术、防火墙、信息隐蔽及发现技术、数据挖掘技术、安全资源管理技术、预警、网络隔离等技术。

（三）信息安全服务技术

从定性分析、定量分析、泄露分析和方案分析等多个方面研究系统安全风险分析和评估方法，开发应对软件，包括故障分析诊断技术、攻击避免与故障隔离技术、系统快速修复等技术。

二、信息安全的威胁

信息安全的威胁主要是计算机病毒。计算机病毒是存在于编程或在计算机程序中的能破坏计算机功能或毁坏数据，影响计算机使用，并能自我复制的一组计算机指令或程序代码。

计算机受到病毒感染后，会表现出不同症状，如通电后计算机无法启动或启动时间变长，有时会突然出现黑屏现象；计算机系统运行速度突然降低；磁盘空间迅速变小，病毒程序复制增多使内存空间变小；用户文件内容出现乱码，文件内容无法正常显示；外部设备工作异常等。

计算机病毒可以通过软盘、硬盘、光盘及网络等多种途径进行传播，具有攻击系统数据区、攻击系统资源和影响系统正常功能等破坏行为。

计算机病毒具有隐蔽性、传染性、潜伏性、破坏性和可触发性等性质。

计算机病毒按表现性质分为良性病毒和恶性病毒；按激活时间分为定时病毒和随机病毒；按入侵方式分为源码病毒、操作系统型病毒、外壳病毒和入侵型病毒等；按传染方式分为磁盘引导区传染的病毒、操作系统传染的病毒和一般应用程序传染的病毒。

恶意病毒的四大家族是宏病毒、CHI 病毒、蠕虫病毒和木马病毒。

计算机犯罪包括针对计算机系统的犯罪和针对系统处理、存储的信息犯罪两种。计算机犯罪除了具有社会危害性、非法性、明确性、广泛性和复杂性等性质，还有作案手段智能化、隐蔽性强，侦查取证困难、破案难度大等特点。

打击和预防计算机犯罪的措施：加强对计算机信息系统管理人员的职业道德教育；加强计算机信息系统自身的安全防护能力；完善立法，加强监督打击力度等。

【任务安排】

1. 任务探究

（1）了解信息安全的概念。

（2）了解信息安全的意义及信息安全所面临的主要威胁。

2. 任务评分

序号	评价内容及标准	自评分	互评分	教师评分
1	能说出信息安全的体现（3分）			
2	能说出信息安全的主要内涵（3分）			
3	能说出信息安全面临的主要威胁（4分）			
总分				

3. 知识归档

总结知识目录：

(1) _____

_____

(2) _____

_____

(3) _____

_____

【小结】

本节主要介绍了信息安全的概念和主要内涵，以及信息安全面临的主要威胁。

任务 2　认识信息安全主要技术	学生姓名：	班级：

【知识学习】

一、数据加密技术

随着大数据和云计算的迅速发展，在数据通信过程中，为了保证重要数据在网上传输时不被窃取或篡改，有必要对传输的数据进行加密，以保证数据的安全传输。

信息加密技术是保证网络、信息安全的核心技术，是一种主动的信息安全防范措施。其原理是利用一定的加密算法将明文转换成不可直接读取的密文，阻止非法用户获取和理解原始数据，从而确保数据的保密性。将明文变成密文的过程称为加密，由密文还原成明文的过程称为解密，加密和解密使用的可变参数为密钥。信息加密对保证网络信息安全起着重要的、不可替代的作用。

数据加密就是将被传输的数据转换成表面上杂乱无章的数据，只有合法的接收者才能恢复数据，对于非法窃取者，转换后的数据是读不懂的毫无意义的数据。数据加密一般模型如图 2-68 所示。

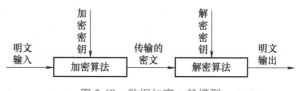

图 2-68　数据加密一般模型

数据加密分为对称加密和非对称加密两种。对称加密：收信方和发信方使用相同的密钥。非对称加密技术中加密密钥和解密密钥是不一样的，而且几乎不可能从加密密钥推导出解密密钥。

二、数字签名

数字签名（Digital Signature）是对网上传输的电子报文进行签名确认的一种方式。不同于传统的手写签字，数字签名不是简单地在报文或文件里写名字，因为在计算机中很容易修改这样的名字，这样的签名很容易被盗用，接收方无法确认文件的真伪，达不到签名确认的效果。

数字签名需要满足三点：接收方能够核实发送方对报文的签名，发送方不能抵赖对报文的签名，以及接收方不能伪造对报文的签名。

假设 A 发送一个电子报文给 B，A、B 双方只需要经过下面三个步骤实现数字签名。

第一步：A 使用自己的秘钥（私钥）对报文进行编码，生成不可读取的密文（加密报文），这便是数字签名；

第二步：A 将加密的报文送达 B；

第三步：B 为了核实签名，用 A 发送的公钥进行解码运算，还原报文，解开 A 送来的报文。

目前数字签名已经应用于网上安全支付系统、电子银行系统、电子证券系统、安全邮件系统、电子订票系统、网上购物系统、网上报税等一系列电子商务应用的签名认证服务中。

如果需要发送添加数字签名的安全电子邮件，首先起动 Outlook Express，选用"工具、选项"命令中的"安全"选项卡，选中"在对所有待发邮件中添加数字签名"，或在"新邮件"界面单击"工具与数字签名"，就可以对指定新邮件添加数字签名。

在数字签名前，必须首先获取一个数字标识，即数字证书。

数字证书相当于网上的身份证，以数字签名的方式通过身份认证机构（CA）有效进行网上身份认证。数字身份认证是基于国际公钥基础结构设施（PKI）的网上身份认证系统，帮助网上各终端用户识别对方身份和表明自身的身份，具有真实性和防抵赖的功能。与物理身份证不同的是，数字证书还具有安全、保密及防篡改的特征，可以对网上传输的信息进行有效保护和安全的传递。

数字证书一般包括用户的身份信息、公钥信息及身份认证机构（CA）的数字签名数据。身份验证机构的数字签名可以确保证书的真实性，用户公钥信息可以保证数字信息传输的完整性，用户的数字签名保证信息的不可否认性。数字签名的安全认证系统逻辑结构如图 2-69 所示。

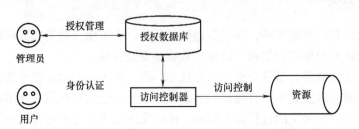

图 2-69　数字签名的安全认证系统逻辑结构示意图

三、防火墙技术

防火墙（Firewall）是设置在被保护内部网络和外部网络之间的软件和硬件设备的组合，对内部网络和外部网络之间的通信进行控制，通过监测和限制跨越防火墙的数据流，尽可能地对外部屏蔽网络内部的结构、信息和运行情况，用于防止发生不可预测的、潜在破坏性的入侵和攻击，是一种比较有效的网络安全技术。

防火墙通常是运行在一台计算机上的计算机软件，主要保护内部网络的重要信息不被非授权访问、非法窃取或破坏，并记录内部网络和外部网络进行通信的有关安全日志信息，如通信发生的时间、允许通过的数据包和被过滤掉的数据包信息等。

按照防火墙实现技术的不同，可将防火墙分为以下四种类型。

（一）包过滤防火墙

数据包过滤是在网络层对数据包进行分析、选择性过滤。选择的依据是系统内设置的访问控制表（规则表），允许规定类型的数据包流入或流出内部网络。通过检查数据流中各 IP 数据包的源地址、目的地址、所用端口号、协议状态等因素或它们的组合来确定是否允许该数据通过。

包过滤防火墙一般可以直接集成在路由器上，在进行路由选择的同时完成数据包的选择与过滤，也可以由一台单独的计算机完成数据包的过滤。数据包过滤防火墙的优点是速度快、逻辑简单、成本低、易于安装和使用、网络性能和透明度好；缺点是配置困难，容易出现漏洞。

（二）应用代理防火墙

应用代理防火墙能将所有跨越防火墙的网络通信链路分为两段，使得网络内部的客户不直接从外部服务器通信。防火墙内、外计算机系统间应用层的连接由两个代理服务器连接完成。其优点是外部计算机的网络链路只能到达代理服务器，从而起到隔离防火墙内、外计算机系统的作用；缺点是执行速度慢，操作系统容易受到攻击。

代理服务在实际应用中比较普遍，如校园网的代理服务器一端接入 Internet，另一端接入内部网，在代理服务器上安装一个实现代理服务的软件，就能起到防火墙的作用。

（三）状态监测防火墙

状态监测防火墙也称为动态包过滤防火墙。状态监测防火墙对新建的应用连接检查时根据预先设置的安全规则，符合规则的连接被允许通过，并在内存中记录该连接的相关信息，生成状态表；对该连接后续的数据包，只要符合状态表就可以通过，否则终止连接。

状态监测防火墙克服了包过滤防火墙和应用代理防火墙的局限性，能够根据协议、端口及 IP 数据包的源地址、目的地址的具体情况决定数据包是否可以通过。

在实际应用中，一般综合采用以上几种技术，使得防火墙产品能够满足对安全性、高效性、适应性及易于管理等方面的要求，用集成防毒软件的功能来提高系统的防毒能力和抗攻击能力。

防火墙设计时的安全策略有两种：一种是没有被允许的就是禁止；另一种是没有被禁止的就是允许的。采用第一种安全策略来设计防火墙的过滤规则，其安全性比较高，但灵活性差，只有被明确允许的数据包才能跨越防火墙，所有其他数据包都将被过滤掉；采用第二种安全策略虽然灵活方便，但存在安全隐患。

防火墙防外不防内。防火墙对外屏蔽内部网络的拓扑结构，封锁外部网上的用户连接内部网上的重要站点或某些端口，对内屏蔽外部的危险站点，但防火墙很难解决内部网络人员的安全问题，如内部网络管理人员蓄意破坏网络的物理设备，将内部网络的数据复制泄露等。

（四）混合型防火墙

混合型防火墙采用一种组合结构，主要由内部防火墙、外部防火墙、堡垒主机和基站主机四部分组成。防火墙在内部网之间形成屏蔽子网，基站主机、堡垒主机、邮件服务器、打印服务器、Web 服务器、数据库服务器等公用服务器布置在屏蔽子网中，外部防火墙介于 Internet 与屏蔽子网之间，内部防火墙介于内部网与屏蔽网之间。

总而言之，信息安全从"我"做起，在今后使用网络时应确认要访问的网站是否安全；使用正版防病毒软件并定期将其升级更新；尽量选用最先进的防火墙软件，监视数据流动；对来路不明的电子邮件及附件或邮件列表保持警惕；尽量使用最新版本的互联网浏览器软件和电子邮件等；下载软件时去正规专业的网站；不轻易在网站上留下个人身份资料；打破常规思维设置网络密码等。

【任务安排】

1. 任务探究

（1）简述网络信息发展的关键问题。

（2）了解信息安全的主要技术。

2. 任务评分

序号	评价内容及标准	自评分	互评分	教师评分
1	简述数据加密技术的结构、应用及特点（2分）			
2	能说出数字签名的应用及特点（2分）			
3	能说出数字证书的应用及特点（1分）			
4	能说出防火墙的主要作用（1分）			
5	能说出防火墙的分类（2分）			
6	简述信息安全从"我"做起的办法有哪些（2分）			
	总分			

3. 知识归档

总结知识目录：

(1) _____

_____

(2) _____

_____

(3) _____

_____

 小知识

个人信息安全规范

2020 年 3 月 6 日，国家市场监督管理总局、国家标准化管理委员会正式发布国家标准《信息安全技术　个人信息安全规范》（下称《规范》），并于 2020 年 10 月 1 日正式实施。该《规范》对个人信息收集、存储、使用做出了明确规定，并规定了个人信息主体具有查询、更正、删除、撤回授权、注销账户、获取个人信息副本等权力。个人信息安全防范宣传图如图 2-70 所示。

图 2-70　个人信息安全防范宣传图

 【小结】

本节主要介绍了信息安全技术中数据加密技术的结构、应用和特点，数字签名，数字证书的应用和特点，以及防火墙的应用和分类。

本单元为个人及企业信息安全的宣传与相关风险防范技术的学习打下了基础。

信息安全   谨防网络诈骗

网络诈骗是指以非法占有为目的，利用互联网采用虚构事实或者隐瞒真相的方法，骗取数额较大的公私财物的行为。

诈骗手法多样化，有假冒好友、网络钓鱼、网络托儿、网银升级诈骗、电信诈骗变种等。下面将以网购诈骗为例进行讲解。网购诈骗有多种方式：

1）谎称其货品为走私物品或海关罚没物品，要求网民支付一定的保证金、押金、定金。

2）谎称网民下订单时卡单，要求网民重新支付或重新下订单。

3）谎称支付宝系统正在维护，要求网民直接将钱汇到其指定的银行账户中。

4）谎称购物网站系统故障，要求网民重新支付。

5）谎称网店正在搞促销、抽奖活动，需要交纳一定的手续费等。

遇到上述情况，消费者应注意以下要点：

1）选择货到付款的交易模式（物流快递代收货款，收到货品后再进行支付）。

2）选择具有第三方支付手段的平台进行交易（多使用支付宝、财付通或 PayPal 等第三方支付模式交易）。

3）选择具有消费者保障制度的交易平台（指具有 7 天包退换、正品保证、30 天免费维修、假一赔三等消费者保障制度的电子商务交易平台）。

4）选择产品质量、货源和售后服务具有品牌厂家认证的网店。索取网购销售凭证，防范霸王条款，在正规平台购物，向经营者索要购物凭证或者服务单据，为解决网上购物的纠纷提供凭证和依据。谨防网络诈骗宣传图如图 2-71 所示。

图 2-71 谨防网络诈骗宣传图

分享时刻： 请结合已知具体案例分析数据信息安全面临的风险，谈一下你将如何防范信息泄露及被网络诈骗。

模块 3

智能制造产品全生命周期管理

智能制造追根溯源是对产品设计及生产过程系统化管理控制的加工过程。

在市场竞争激烈的今天，创新设计成为世界经济新的增长点，技术创新日益加速，电子类商品和生产工艺的革新速度更快，产品创意产业也成为产业经济中重要的组成部分。

知识目标

1. 能说出智能制造产品生命周期的概念；
2. 能说出智能制造过程中过程仿真的方法；
3. 能说出生产制造过程中管理布局的方法；
4. 能说出智能制造产品优化的方法。

能力目标

1. 根据产品生命周期规律，能够分析具体行业产品设计；
2. 能根据实例说出不同行业管理布局的特点；
3. 结合行业状况，分析产品生产过程的机遇和挑战。

素质目标

1. 提升收集、整理资料的能力，以及分析问题的能力；
2. 形成创新思维，提升分析与解决问题的能力；
3. 崇尚工匠精神，树立严谨认真的职业意识。

单元 1　走进产品设计

 单元知识目标： 能说出产品生命周期的定义和产品价值的含义。

单元技能目标： 举出实例，说出产品生命周期对产品设计的作用。

单元素质目标： 崇尚工匠精神，树立严谨认真的职业意识。

任务 1　认识产品生命周期	学生姓名：	班级：

【知识学习】

一、产品的三层定义

现代市场营销理论认为，产品整体概念包含核心产品、有形产品和附加产品三个层次。如图 3-1 所示。

（1）核心产品。是指消费者购买某种产品时所追求的利益，是顾客真正要买的东西，因而在产品整体概念中也是最基本、最主要的部分。

（2）有形产品。是指核心产品借以实现的形式，即向市场提供的实体和服务的形象。如果有形产品是实体，则它在市场上通常表现为产品质量水平、外观特色、式样、品牌名称和包装等。产品的基本效用必须通过某些具体的形式才得以实现。

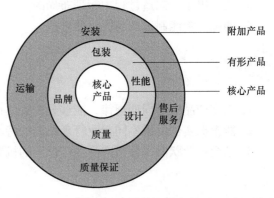

图 3-1　产品的三层定义

（3）附加产品。是指顾客购买有形产品时所获得的全部附加服务和利益，包括提供信贷、免费送货、质量保证、安装、售后服务等。附加产品的概念来源于对市场需要的深入认识。因为购买者的目的是为了满足某种需要，因而他们希望得到并满足与该项需要有关的一切。

二、产品生命周期的起源和定义

（一）产品生命周期的起源

市场的主导权已从企业/生产制造者转入客户手中，多元化、个性化的社会需求使顾客满意与否成为企业竞争的关键因素。过去大批量、少品种的流水线生产模式已不适用于当前多品种、小批量的产品需求，改变生产模式的需要已迫在眉睫。

产品生命周期理论是美国哈佛大学教授雷蒙德·弗农（Raymond Vernon）于 1966 年在《产品周期中的国际投资与国际贸易》中首次提出的。

（二）产品生命周期的定义

产品生命周期（Product Life Cycle，PLC），是一种新产品从开始进入市场到被市场淘汰的整个过程，是产品的市场寿命。弗农认为：产品生命是指产品在市场上的营销生命，产品和人的生命一样，要经历引入（开发）、发展、成熟和衰落阶段。

产品生命周期在不同技术水平的国家，发生的时间和过程是不一样的，期间存在一个较大的差距和时差，表现为不同国家在技术上的差距，反映了同一产品在不同国家市场上竞争地位的差异，决定了国际贸易和国际投资的变化。弗农把这些国家依次分成创新国（一般为最发达国家）、一般发达国家和发展中国家。

（三）产品生命周期阶段

典型的产品生命周期一般可分为四个阶段，即引入期、发展期、成熟期和衰落期，如图 3-2 所示。

（1）引入期。新产品投入市场即为引入期。此时只有少数追求新奇的顾客可能购买，销售量很低。为了扩大销售，需要大量促销费用对产品进行宣传。这一阶段的成本高，销售额增长缓慢，企业不但不能盈利，反而可能亏损。新产品也有待进一步完善。

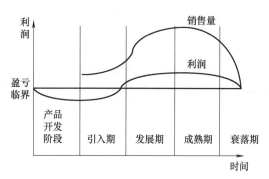

图 3-2　产品生命周期示意图

（2）发展期。这个阶段顾客对产品已经熟悉，大量新顾客开始购买，市场逐步扩大。产品大批量生产，生产成本降低，企业的销售额迅速上升，利润也迅速增长。此时竞争者将进入市场参与竞争，使同类产品供给量增加，价格随之下降，企业利润增长速度减慢，产品达到生命周期利润的最高点。

（3）成熟期。市场需求趋向饱和，潜在的顾客已经很少，销售额增长缓慢直至转而下降，产品进入成熟期。在这个阶段，竞争加剧，产品价格降低，促销费用增加，企业利润下降。

（4）衰落期。随着科技的发展，新产品出现，将使顾客的消费习惯发生改变，转向其他产品，从而使原来产品的销售额和利润额迅速下降。此时产品进入衰落期。

三、产品全生命周期的特点和意义

（一）产品全生命周期的特点

产品全生命周期曲线的特点：在产品开发期间该产品销售额为零，公司投资不断增加；在引入期，销售缓慢，初期利润偏低或为负数；在发展期，销售快速增长，利润也显著增加；在成熟期，利润在达到顶点后逐渐下降；在衰落期，产品销售量显著衰退，利润大幅度滑落。产品全生命周期的特点如图 3-3 所示。

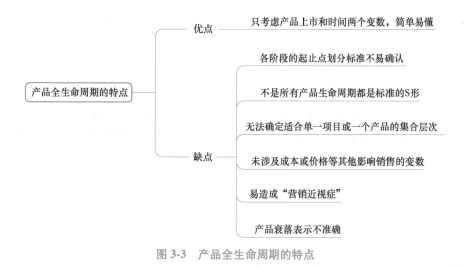

图 3-3　产品全生命周期的特点

产品生命周期包括风格型产品生命周期、时尚型产品生命周期、热潮型产品生命周期、扇贝型产品生命周期四种特殊的类型。产品生命周期曲线并非通常的 S 形。

1. 风格型产品生命周期

一种人类生活中基本但特点突出的表现方式。风格一旦发生，可能会延续数代，根据人们对它的兴趣而呈现出一种循环再循环的模式。

2. 时尚型产品生命周期

在某一领域里为大家所接受且欢迎的风格。时尚型的产品生命周期特点：刚上市时很少有人接纳（独特阶段）──→接纳人数随着时间慢慢增长（模仿阶段）──→被广泛接受（大量流行阶段）──→最后缓慢衰退（衰退阶段）──→消费者开始将注意力转向另一种更吸引他们的时尚产品。

3. 热潮型产品生命周期

一种来势汹汹且很快吸引大众注意的时尚，也称时髦。热潮型产品的生命周期往往快速成长，又快速衰退，主要是因为它只是满足人类一时的好奇心或需求，所吸引的用户局限于少数寻求刺激、标新立异的人，通常无法满足更强烈的需求。

4. 扇贝型产品生命周期

主要指产品生命周期不断延伸再延伸，这往往是因为产品创新或不时发现新的用途。

（二）产品全生命周期的意义

产品全生命周期与企业制定的产品策略及营销策略有着直接的联系。

企业管理者要使产品具有较长的销售周期，以便能赚取足够的利润来补偿在推出该产品时所做出的努力和风险，就必须认真研究和运用产品的生命周期理论。

产品生命周期是营销人员用来描述产品和市场运作方法的有力工具。在开发市场营销战略的过程中，产品现状可以使人想到最好的营销战略，但在预测产品性能时，产品生命周期的运用受到了限制。

产品开发及经营项目的生命周期如图 3-4 所示。

判断产品生产周期的方法有以下三种。

1. 曲线判断法

曲线判断法是做出产品销售量和利润随着时间变化的曲线，将该曲线与典型产品市场生命周期曲线相比较，判断产品处于市场生命周期的哪个阶段。

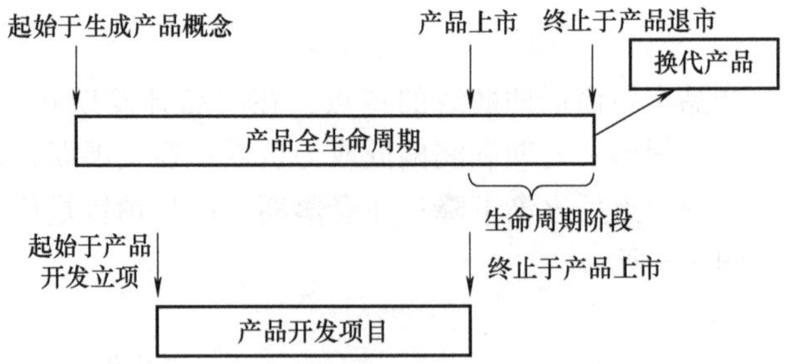

2. 类比判断法

类比判断法是参照产品市场生命周期曲线，划分企业产品市场生命周期的各个阶段，从而进行判断。

图 3-4 产品开发及经营项目的生命周期

3. 经验判断法（家庭普及率推断法）

经验判断法是一种定性分析和定量分析相结合的预测方法，根据企业各层次有关人员的经验来判断而确定销售预测数的一种方法。一般在缺乏历史资料的情况下，依靠有关人员的经验和市场形势发展自觉地进行预测。

 【任务安排】

1. 任务探究

（1）简述产品的三层定义，并画出产品三层定义的模型。

（2）查资料了解产品生命周期的四个阶段，在产品生命周期的不同阶段，销售量、利润、购买者和市场竞争等都有不同的特征，将这些特征填入表 3-1。

表 3-1　产品生命周期不同阶段的特征

	引入期	发展期	成熟期		衰落期
			前期	后期	
销售量					
利润					
购买者					
市场竞争					

（3）画出不同类型产品的生命周期曲线示意图。

（4）根据产品现状分析、判断产品所处生命周期的阶段及趋势。

2. 任务评分

序号	评价内容及标准	自评分	互评分	教师评分
1	能说出产品的三层定义及价值（2 分）			
2	能说出产品生命周期的四个阶段和特征（2 分）			
3	能画出不同类型产品的生命周期曲线图（3 分）			
4	能确认产品所处生命周期的阶段及趋势（3 分）			
	总分			

3. 知识归档

总结知识目录：

（1）_____

_____

（2）_____

_____

（3）_____

_____

（4）_____

 【小结】

本节主要介绍了产品的三层定义与价值、产品生命周期的四个阶段和特征，以及产品的生命周期曲线图。

任务2 设计及调整产品价值机会	学生姓名：	班级：

 【知识学习】

一、产品价值机会的设计

（一）产品价值机会的构成要素

价值可以被分解为产品的可用性、易用性和被渴求性等各种具体产品参数。产品设计为用户创造体验，体验越好，产品对于用户的价值就越高，在产品设计的过程中设计的切入点就是价值机会。产品价值机会有八个方面，前四个价值机会强调用户的生活方式，后四个价值机会强调产品在试用及长期试用过程中的满意度，如图3-5所示。

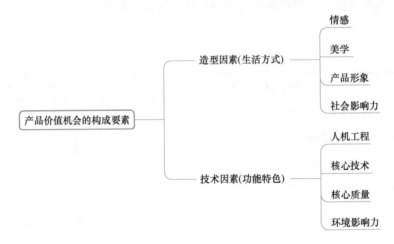

图 3-5 产品价值机会的构成要素

1. 基于情感的价值机会

情感界定了体验的核心内容，不同属性的产品所需表达的情感不一样。情感价值包括六个方面，如图3-6所示。例如，一般工具类表达的情感为信心、力量，科技类表达的情感为冒险、独立感等。

基于情感价值的产品设计应通过行业产品基础属性调研，同时调研产品的使用者不断变化的产品期待来进行调整。

2. 基于美学的价值机会

重视感官感受，强调视觉和触觉等感受，通过使用产品刺激尽可能多的感知，通过体验建立产品与用户的积极联系，强化了情感价值机会。美学价值机会对五个感官进行深入研究，发现美的存在与定义，如图3-7所示。

3. 基于社会及环境影响力的价值机会

产品不局限于其本身的设计，还拓展到企业形象，是企业品牌的效力。社会及环境影响力价值示意图如图3-8所示。

4. 人机体验

人机体验强调产品的适用性，用户与产品或环境的相对动态或静态的交互体验，用户从中体验到产品的操作性能，主要从易用、安全和舒适三方面进行感受，如图3-9所示。

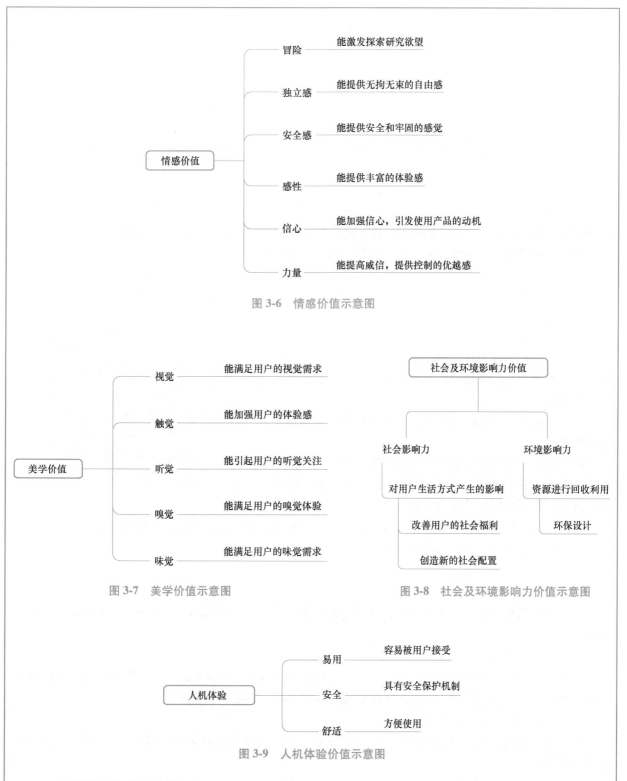

图 3-6　情感价值示意图

图 3-7　美学价值示意图

图 3-8　社会及环境影响力价值示意图

图 3-9　人机体验价值示意图

5. 基于核心技术的价值机会

　　造型因素包含美学和个性等方面，技术因素包含核心技术和质量价值方面。用户需要的不仅是技术，还需要能高效发展，不断增加更新更可靠的功能。在产品技术开发过程中将产品分为两类：新技术主导型产品和新工艺主导型产品。主要从以下两方面进行开发。

　　（1）可用：核心技术必须与时俱进，提供足够功能的同时，还要满足信息技术发展趋势，或者对传统技术进行高质量加工，能满足用户期望的功能。

（2）可靠：保证产品能够长时间保持稳定的较高性能。

6. 基于质量的价值机会

产品开发前期研究设计满足用户期望值的产品。产品质量主要面临制造工艺及耐久性的问题。

（1）制造工艺：配合与表面工艺。产品应满足合适的公差要求并能保证其工作性能。

（2）耐久性：性能随时间变化，产品外观必须在预期的产品寿命内保持稳固的质量。

质量的价值机会越来越被重视，需要设计单元与制造单元密切配合，不断进行调整，达到最优化。

（二）造型、技术相对价值

造型和技术都需要一定的成本，往往会造成产品价格提高，是定位更多的销量和还是增加消费者购买动力，是产品设计时取舍的关键所在。造型技术相对价值示意图如图3-10所示。

横坐标—造型：将美感融入产品与服务中的人机体验的表面化因素。

纵坐标—技术：产品的核心功能，购买产品的源动力，技术包括使用产品所需求的部件间的相互关系，以及生产过程中使用的原材料配方及方法等。

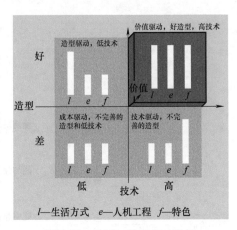

图3-10 造型、技术相对价值

以造型和技术作为横纵坐标建立起直角坐标系，随着造型和技术要素变化，结果价值随之发生变化。图3-10中右上角为高价值。

产品特点：产品很好地结合了艺术与科学，是造型和技术的体现。

产品增加了最终决定成功的价值要素，将生活方式的影响力、产品功能特色和人机体验结合在一起，使得情感表达、先进的性能和可用性成为可能。

从产品价值机会构成要素图分析得出，对于用户的研究能给技术开发人员提供造型切入点，结合自身技术的不断提高，创造出优秀的产品。

二、制定产品全生命周期的经营策略

产品生命周期的四个阶段呈现出不同的市场特征，企业的经营策略以各阶段的特征来制定和实施。

（一）引入期的经营策略

在产品引入期，一般可以由产品、分销、价格和促销四个基本要素组合生成各种不同的市场经营策略。将价格高低和促销费用结合起来考虑就有四种策略，如图3-11所示。

（二）发展期市场经营策略

针对发展期的特点，企业为维持其市场增长率，延长获取最大利润的时间，可以采取四种策略，如图3-12所示。

（三）成熟期市场经营策略

当产品处于成熟阶段，企业经营者应根据外部环境和企业的内部条件，采取主动出击的策略，制定和运用合适的产品战略，使成熟期延长，或使产品生命周期出现再循环。可采取三种策略，如图3-13所示。

（四）衰落期市场经营策略

针对衰落期的主要特点，通常有四种策略，如图3-14所示。

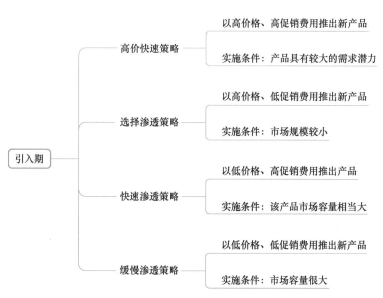

图 3-11　引入期的市场经营策略示意图

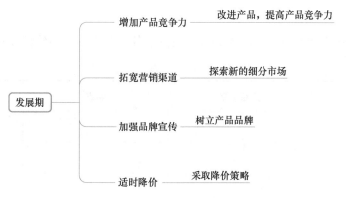

图 3-12　发展期市场经营策略示意图

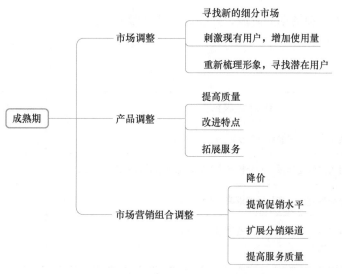

图 3-13　成熟期市场经营策略示意图

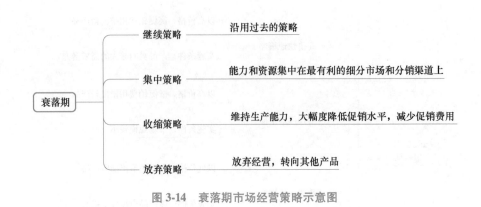

图 3-14 衰落期市场经营策略示意图

【任务安排】

1. 任务探究

（1）结合产品价值的构成要素，分析各个商品的价值构成。

（2）结合造型、技术相对价值，对比分析产品位于各个象限的产品价值和特点，完成表 3-2。

表 3-2 造型、技术相对价值分析

区间	产品价值	特点	措施及改进
第一（右上）			
第二（左上）			
第三（左下）			
第四（右下）			

（3）分析产品所处生命周期的阶段，并确定产品经营策略。

2. 任务评分

序号	评价内容及标准	自评分	互评分	教师评分
1	能说出产品价值机会的构成要素（2 分）			
2	能画出造型相对价值的坐标系，并分析各个区间产品的价值及特点（3 分）			
3	能说出产品生命周期对应的产品经营策略（3 分）			
4	能分析产品所处阶段，并正确选择经营策略（2 分）			
	总分			

3. 知识归档

总结知识目录：

(1) _____

_____

(2) _____

_____

(3) _____

_____

⭐ **小知识**

一般产品研发生产的四个阶段

一般产品研发生产过程包含四个阶段：概念开发和产品规划阶段、详细设计阶段、小规模生产阶段、增量生产阶段，如图 3-15 所示。

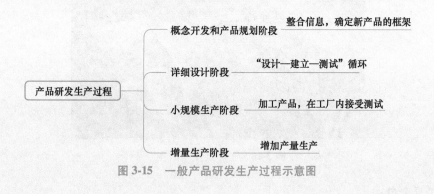

图 3-15　一般产品研发生产过程示意图

📊 **【小结】**

本节主要介绍了产品价值机会的构成要素，造型相对技术的坐标与特点，以及产品生命周期各阶段对应的产品经营策略。

本单元为接下来产品相关技术的学习打下了基础。

　　　　　　　　　　"航空"手艺人

胡双钱，中国商飞·上海飞机制造有限公司数控机加车间钳工组组长，被称为"航空"手艺人，曾获全国劳动模范、全国"五一劳动奖章"、上海市质量金奖等荣誉称号。

胡双钱读书时，技校教师是一位修军用飞机的老师傅，其经验丰富、作风严谨。"学飞机制造技术是次位，学做人是首位。干活，要凭良心。"这句话对他影响颇深。

胡双钱从技校毕业后进入上海飞机制造有限公司。一入职，学钣铆工的他被分配到专业不对口的机加车间钳工工段。一些人因此离开了公司，可胡双钱选择了留下。凭着"只要能造飞机，自己坚决服从组织分配"的一股劲，他开始了自己的钳工生涯。

一次，胡双钱按流程给一架在修理的大型飞机拧螺钉、上保险、安装外部零部件。"我每天睡前都喜欢'放电影'，想想今天做了什么，有没有做好。"那天回想当天的工作时，胡双钱对"上保险"这一环节感到怎么也不踏实。保险对螺钉起固定作用，确保飞机在空中飞行时，不会因振动过大导致螺钉松动。思前想后，胡双钱凌晨 3 点又骑着自行车赶到单位，拆去层层外部零部件，保险醒目出现，一颗悬着的心落了下来。

从此，每做完一步，他都会定睛看几秒再进入下一道工序，"再忙也不缺这几秒，质量最重要！"

核准、画线，锯掉多余的部分，拿起气动钻头依线点导孔，握着锉刀将零件的锐边倒圆、去毛刺、打光……这样的动作，他整整重复了 30 多年。

额头上的汗珠顺着脸颊滑落，和着空气中飘浮的铝屑凝结在头发上、脸上、工服上……这样的"铝人"，他一当就是 30 多年。

他在 30 多年里亲手加工过数十万个精密零件，没出现过一个次品。他用手工打磨出来的零件，精密程度堪比现代化数控车床加工出来的零件。本文配图如图 3-16 所示。

图 3-16　匠心筑梦"航空"

"航空"工匠金句：

1. 每个零件都关系着乘客的生命安全。确保质量，是我最大的职责。

2. 一切为了让中国人自己的新支线飞机早日安全地飞行在蓝天。

3. 如果可以，我真的好想再干三十年！

分享时刻： 走进产品设计，请谈一谈航空手艺人的优良品质对产品设计的重要性。

单元 2 走进过程仿真

🖋 **单元知识目标**：能说出数字工厂与过程仿真的概念和意义。

📑 **单元技能目标**：举出实例，能说出过程仿真的作用和相关技术。

⚙ **单元素质目标**：崇尚工匠精神，树立严谨认真的职业意识。

任务 1 　认识数字工厂与过程控制	学生姓名：	班级：

 【知识学习】

一、数字工厂

过程仿真就是通过建立数学模型表征对象内部过程及外部表现。通过计算机代替具体的实物来研究各种参数变化时的反应，例如，经济变化、物理过程变化、危险对象的变化过程研究等，其成本较低，可以做各种条件的假设。

数字工厂是在计算机虚拟环境中对整个生产过程进行仿真、评估和优化，并进一步扩展到整个产品生命周期的新型生产组织方式。数字工厂是现代数字制造技术与计算机仿真技术相结合的产物，主要作为沟通产品设计和产品制造之间的桥梁。图 3-17 所示为数字化工厂的工作范围示意图。

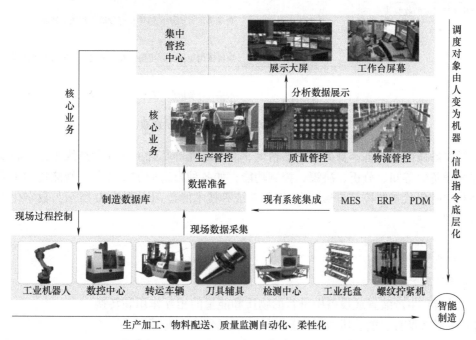

图 3-17　数字化工厂的工作范围示意图

从定义中可以得出一个结论，数字工厂的本质是实现信息的集成。图 3-18 所示为某品牌汽车的数字化工厂解决方案示意图。

数字工厂作为数字化与智能化制造的关键技术之一，是现代工业化与信息化融合的应用体现，也

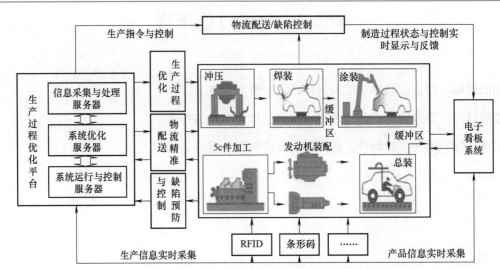

图 3-18　某品牌汽车的数字化工厂解决方案示意图

是实现智能化制造的必经之路。数字工厂是借助于信息化和数字化技术，通过集成、仿真、分析、控制等手段，可为制造工厂的生产全过程提供全面管控的一种整体解决方案。图 3-19 所示为实施数字化工厂带来的收益示意图。

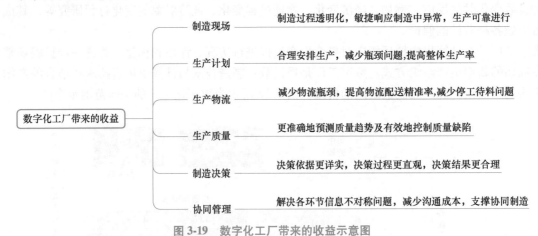

图 3-19　数字化工厂带来的收益示意图

　　数字工厂设备在提升设备本身高速、高精度、高可靠性等基础上，在生产线工作中心及车间加工单元中更重视设备的感知、分析、决策、控制功能，如各种自适应加工控制、智能化加工编程、自动化加工检测和实时化状态监控及自诊断/自恢复系统等技术的运用。图 3-20 所示为数字化工厂的典型应用场景示意图。

二、过程控制的概念及发展

（一）过程控制的概念
　　"过程"是指在生产装置或设备中进行的物质和能量的相互作用和转换。
　　"控制"主要参量有温度、压力、流量、液位、成分、浓度等。
　　通过对过程变量的控制，可使生产过程中产品的产量增加、质量提高和能耗减少。一般的过程控制系统通常采用反馈控制的形式，这是过程控制的主要方式。过程控制示意图如图 3-21 所示。
　　过程控制在石油、化工、电力、冶金等部门有广泛的应用。在实际生产过程中，往往有多个参数（被控量）需要控制，有多个变量可用作控制量。基于智能仪表温度连续控制系统的过程控制示意图如图 3-22 所示。

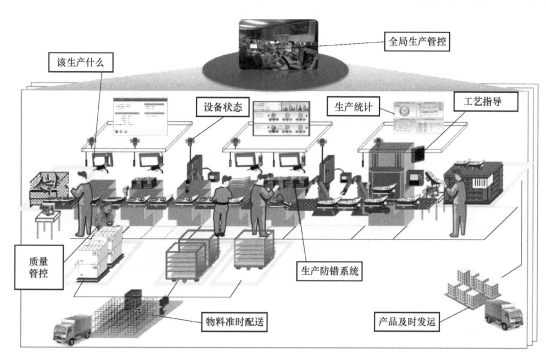

图 3-20　数字化工厂的典型应用场景示意图

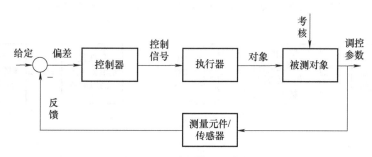

图 3-21　过程控制示意图

简化控制系统结构的一种方法是采用解耦控制，通过引入某种补偿网络或补偿通道把一个有耦合的多变量过程转化成一些无耦合的单变量过程来处理，或者经过适当的变换和处理以减小耦合影响。

（二）过程控制的发展

过程控制技术已由分离设备向共享设备发展、自动化技术由模拟仪表向智能化仪表发展、计算机网络技术向现场扩展。过程控制发展阶段框图如图 3-23 所示。

目前，过程控制正朝向高级阶段发展，更加综合化、智能化，达到计算机集成制造系统（CIMS）的水平。

计算机集成制造系统（CIMS）：以智能控制理论为基础，以计算机及网络为主要手段，对企业的经营、计划、调度、管理和控制全面综合，实现从原料进库到产品出厂的自动化、整个生产系统信息管理的最优化。

计算机控制系统的应用领域非常广泛，计算机的控制对象可以是单个电机、阀门，也可以是整个工厂企业；控制方式可以是单回路控制，也可以是复杂的多变量控制、自适应控制、最优控制乃至智能控制。

计算机控制系统的分类方法十分多样。通常，计算机控制系统按照系统功能分类，见表 3-3。

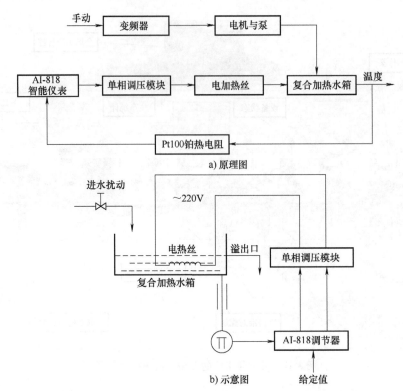

a) 原理图

b) 示意图

图 3-22　基于智能仪表温度连续控制系统的过程控制示意图

图 3-23　过程控制发展阶段框图

表 3-3　计算机控制系统的分类

序号	功能名称	内容
1	数据处理系统（DAS）	对生产过程中的参数进行巡检、分析、记录和报警等处理
2	操作指导控制系统（OGC）	计算机只对过程参数进行收集、加工处理后输出数据，输出不直接用来控制生产过程，操作人员据此进行必要的操作
3	直接数字控制系统（DDC）	计算机从过程输入通道获取数据，运算处理后，再从输出通道输出控制信号，驱动执行机构
4	监督控制系统（SCC）	计算机根据生产过程参数和对象的数字模型给出最佳工艺参数，据此对系统进行控制
5	多级控制系统	企业经营管理和生产过程控制分别由几级计算机进行控制，一般是三级系统：经营管理级（MIS）、监督控制级（SCC）和直接数字控制级（DDC）
6	集散控制系统（DCS）	以微处理器为核心，实现地理和功能上的分散控制，同时通过高速数据通道将分散的信息集中起来，实现复杂的控制和管理
7	监控与数据采集系统（SCADA）	以计算机、控制、通信与显示终端（CRT）技术为基础的一种综合自动化系统，适用于点多、面广、线长的生产过程。由于控制中心和监控点的分散，形成了两层控制结构

(续)

序号	功能名称	内容
8	现场总线控制系统（FCS）	是新一代分布式控制系统，其结构模式为工作站现场总线-智能仪表两层结构，降低了总成本，提高了可靠性，系统更加开放，功能更加强大。在国际标准下，可实现真正的开放式互连系统结构
9	计算机集成过程控制系统（CIPS）	利用 DCS 作基础，开发高级控制策略，实现各层次的优化，利用管理信息系统 MIS 进行辅助管理和决策，将企业中有关过程控制、计划调度、经营管理、市场销售等信息进行集成，经科学加工后，为各级领导、管理及生产部门提供决策依据，实现控制和管理的一体化

 【任务安排】

1. 任务探究

（1）简述数字工厂的概念及典型应用。

（2）数字工厂在传统工厂的基础上进行了改进，在数据采集、监控方式、管理方式、质量管理和生产流程等主要方面出现明显的不同，比较数字工厂和传统工厂有什么不同，填写表 3-4。

表 3-4　数字工厂与传统工厂的区别

不同点	传统工厂	数字工厂
数据采集		
监控方式		
管理方式		
产品质量		
生产流程		

（3）根据过程控制的基本结构分析典型产品的生产、加工及销售过程的结构。

（4）查阅资料了解过程控制发展过程中计算机控制系统的应用。

2. 任务评分

序号	评价内容及标准	自评分	互评分	教师评分
1	能说出数字工厂的定义和特点（2分）			
2	能说出传统工厂和数字工厂的区别（3分）			
3	能说出过程控制的发展历程（3分）			
4	能说出计算机控制系统按系统功能的分类（2分）			
	总分			

3. 知识归档

总结知识目录：

（1）_____

_____

（2）_____

_____

（3）_____

_____

（4）_____

_____

【小结】

本节主要介绍了数字工厂的定义和特点、过程控制的发展历程，以及计算机控制系统的分类。

任务 2 认识现代制造的架构及过程仿真	学生姓名：	班级：

【知识学习】

一、现代制造的架构

现代制造以过程控制系统、企业资源计划和制造执行系统层级架构为原型。

（一）过程控制系统（PCS）

过程控制系统是保证生产过程的参量作为被控制量，通过控制使之能够接近给定值或保持在给定范围内的自动控制系统。通过对过程参量的控制，可使生产过程中产品的产量增加、质量提高和能耗减少。PCS 层进行稳态和动态的建模仿真，主要仿真底层的生产过程，包括过程中产品物料采购进入、流转、储存和销售输出，仿真分散控制系统（DCS）实现实时监控生产过程的运行状态。

（二）企业资源计划（ERP）

企业资源计划是建立在信息技术基础上，集信息技术与先进管理思想于一身，以系统化的管理思想为企业员工及决策层提供决策手段的管理平台，其核心思想是供应链管理。

企业资源计划广义为企业信息管理系统，包括企业财务管理、人力资源管理、物流资源管理等。狭义上为仿真企业供应链的资源过程，基于人力、财力、物力的状态和上下游成本与订单情况，对订单进行合理计划分解，仿真时间主要以月、年等长周期作为单位。

企业资源计划的核心目的就是实现对整个供应链的有效管理，主要体现在四个方面，如图 3-24 所示。

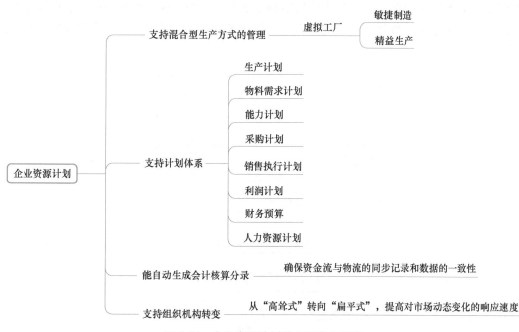

图 3-24 企业资源计划核心要素示意图

（三）制造执行系统（MES）

制造执行系统是过程控制系统和企业资源计划层的沟通桥梁，能够实现对过程控制系统和企业资源计划层的数据流进行连通、传输、采集和加工处理的功能。制造执行系统主要仿真具体生产过程的管控行为，包括以生产调度、库存统计、成本控制、质量报表等形式监控组织生产从而优化生产过程的执行，协调和保证生产的正常运转。MES 拓扑结构示意图如图 3-25 所示。

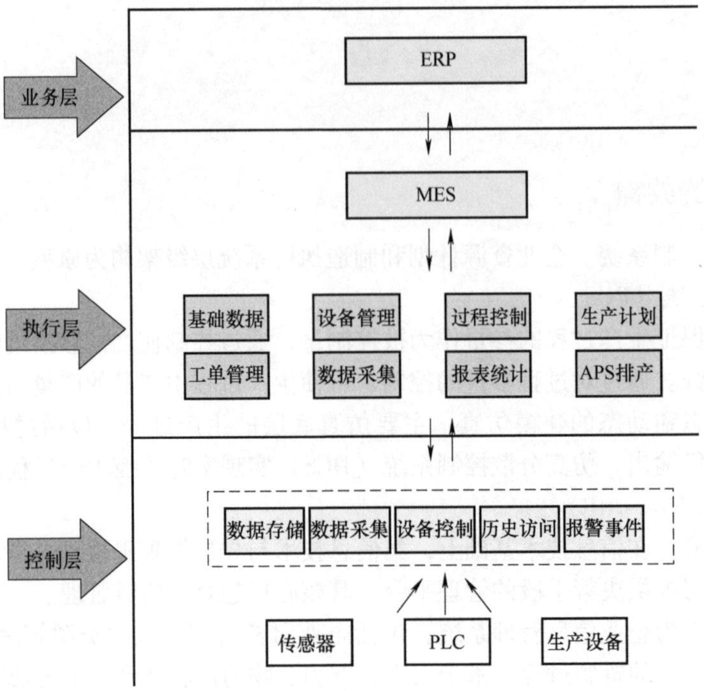

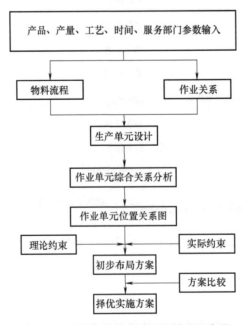

图 3-25　MES 拓扑结构示意图

系统化设施布置规划（SLP）过程设计仿真可以对制造单元的车间布局进行合理设计，对各个工位的机械设备进行数字化建模，将其导入到智能制造平台软件中，在平台软件中安装设计布局，对各工位进行组装，完成整个系统加工流程的仿真并对排产进行优化。系统化设施布置规划模式示意图如图 3-26 所示。

图 3-26　系统化设施布置规划模式示意图

系统化设施布置规划方法的 5 个基本要素为产品、产量、工艺流程/路线、辅助部门和时间安排。

将这些要素作为 SLP 方法的输入，根据对布局设计的研究，利用成组技术中的聚类分析法，通过 5 个要素做出 SLP 模式概念图。

制造业 PCS/ERP/MES 三层结构的关系示意图如图 3-27 所示。

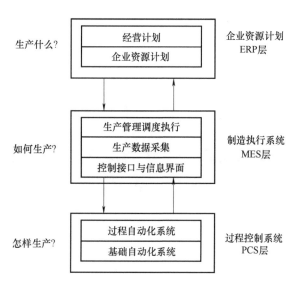

图 3-27　PCS/ERP/MES 三层结构关系示意图

二、基于虚拟仿真技术的数字化模拟工厂

基于虚拟仿真技术的数字化模拟工厂是以产品全生命周期的相关数据为基础，采用虚拟仿真技术对制造环节从工厂规划、建设到运行等不同环节进行模拟、分析、评估、验证和优化，指导工厂生产规划和现场改善。数字化模拟工厂在现代制造企业中得到了广泛的应用，主要涉及五个方面仿真，如图 3-28 所示。

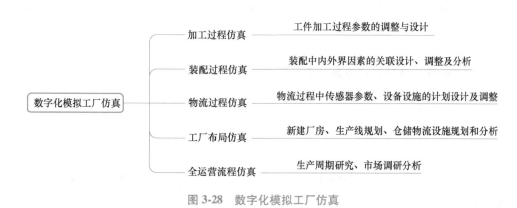

图 3-28　数字化模拟工厂仿真

基于三维模型的数字化协同研制，基于虚拟仿真技术的数字化模拟工厂和基于制造过程管控与优化的数字化制造车间，从制造管理的层次、由设计到生产的过程两个维度来看，它们涉及的业务范围大致如图 3-29 所示。

常用的三维建模软件有 CAD、SolidWorks、UG、Pro/E 等。以测量数据为基础按 1∶1 的比例搭建模型，保证虚拟仿真与现实场景之间的准确映射。将建好的模型加载到智能制造平台软件中，建立仿真模型库，方便在布局过程中随时调用。

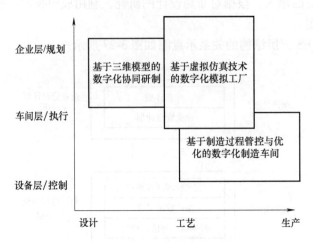

图 3-29 典型数字化工厂的主要业务范围示意图

【任务安排】

1. 任务探究

（1）分析现代制造的架构原型，能画出各原型的思维结构图。

（2）结合企业资源计划的作用，解释某制造企业组织的设立依据。

（3）结合制造企业执行系统的流程图，解释某制造企业车间/流水线的过程及仿真内容。

（4）使用仿真软件，概括过程仿真的流程和方法。

2. 任务评分

序号	评价内容及标准	自评分	互评分	教师评分
1	能简述现代制造的架构原型（2分）			
2	能说出企业资源计划和制造执行系统的内容（3分）			
3	能说出数字化模拟工厂仿真的内容（2分）			
4	能用仿真软件完成过程的仿真（3分）			
总分				

3. 知识归档

总结知识目录：

　　(1)＿＿＿＿＿＿＿＿＿＿＿＿＿＿＿＿＿＿＿＿＿＿＿＿＿＿＿＿＿＿＿＿＿＿＿

　　(2)＿＿＿＿＿＿＿＿＿＿＿＿＿＿＿＿＿＿＿＿＿＿＿＿＿＿＿＿＿＿＿＿＿＿＿

　　(3)＿＿＿＿＿＿＿＿＿＿＿＿＿＿＿＿＿＿＿＿＿＿＿＿＿＿＿＿＿＿＿＿＿＿＿

 小知识

CAD 建模和产品设计软件

　　1. AutoCAD

　　AutoCAD（Autodesk Computer Aided Design）是美国欧特克（Autodesk）公司出品的自动计算机辅助设计软件，用于二维绘图、文档规划和三维设计，适用于制作平面布置图、地材图、水电图、节点图及大样图等。AutoCAD 广泛应用于土木建筑、装饰装潢、城市规划、园林设计、电子电路、机械设计、航空航天、轻工化工等诸多领域。

　　2. UG（NX）

　　UG 是由 Siemens PLM Software 公司出品的 CAD/CAE/CAM 一体化的三维软件。UG（NX）广泛用于通用机械、航空航天、汽车工业、医疗器械等领域。现在西门子公司在上海有专门的研发机构对 UG（NX）产品进行升级完善，上海义维流体科技有限公司已对 NX 进行了二次开发，可专门用于泵流体部件的水力设计。

　　3. SolidWorks

　　SolidWorks 软件是一个基于 Windows 开发的三维 CAD 系统。相对于其他同类产品，SolidWorks 操作简单方便、易学易用，国内外的很多教育机构都把 SolidWorks 列为制造专业的必修课。

 【小结】

　　本节主要介绍了现代制造的架构原型、企业资源计划和制造执行系统的特点和结构，以及数字化模拟工厂仿真的一般流程。

　　本单元为过程控制及相关技术打下了基础。

匠心筑梦　　　　　　　　　　"金手天焊"最美奋斗者

　　高凤林，2018 年"大国工匠年度人物"。2019 年 9 月 25 日，高凤林获"最美奋斗者"个人称号。高凤林是"金手天焊"，不仅因为早期人们把用比金子还贵的氩气培养出来的焊工称为"金手"，还因为他焊接的对象十分金贵，是有火箭"心脏"之称的发动机，更因为他在火箭发动机焊接专业领域达到了常人难以企及的高度。

　　1. 矢志报国，航天事业练就焊接神技

　　刚迈出校门的高凤林，走进了人才济济的火箭发动机焊接车间氩弧焊组，跟随我国第一代氩弧焊工人学习技艺，如图 3-30 所示。为了练好基本功，他吃饭时习惯拿筷子比画着焊接送丝的动作，喝水时习惯端着盛满水的缸子练稳定性，休息时举着铁块练耐力，还曾冒着高温观察铁液的流动规律。渐渐地，高凤林日益积攒的能量迸发出来。

2. 勇于创新，自我突破成就专家工人

高凤林在工作中敢闯敢试，坚持创新突破，将无数次"不可能"变为"可能"。曾经，某型号发动机组件的生产合格率仅为35%。每天，高凤林带领组员在20多平方米的操作间进行试验，两个月里试验上百次，理清了两种材料的成因机理，并有针对性地从环境、温度、操作控制等方面反复改进，最终形成的加工工艺使该产品的合格率达到90%。

3. 甘于奉献，埋头实干见证平凡伟大

航天产品的特殊性和风险性决定了许多问题的解决都要在十分艰苦和危险的条件下进行。高凤林在焊接第一线甘于奉献、埋头苦干，在最需要的时刻迎难而上，在"平凡"的岗位上做出了不平凡的成绩。

4. 乐于育人，传道授业铺就桃李花香

一枝独秀不是春，高凤林除了自己是技能大师，他还有一个意义重大的工作，就是不断培养更多像他一样优秀的航天高技能人才。

"金手天焊"金句：坚持创新突破，将无数次"不可能"变为"可能"。

图 3-30　练就焊接神技

☕ **分享时刻**：走进过程仿真，请谈一谈如何把"不可能"变成"可能"的主观能动性和客观支持条件。

单元 3　走进管理布局

 单元知识目标：能说出管理的定义、管理职能的概念和管理布局方法。

单元技能目标：举出实例，能说出生产管理中人员的安排。

单元素质目标：增强团队合作意识，树立严谨求实的职业精神。

任务 1　认识管理	学生姓名：	班级：

【知识学习】

一、管理的定义

科学管理和现代技术作为支持经济高速增长的"两个车轮"，缺一不可；管理、科学和技术是关系着企业生存和发展的"三大支柱"，具有非常重要的意义。

企业管理包括生产管理和经营管理，本单元主要就生产管理布局进行阐述。

管理是指组织在特定的环境下，充分利用各种资源，协调集体活动达成预定目的的实践过程。管理是集计划、决策、组织、控制和创新在内的一系列活动的总称。

管理具有自然属性和社会属性二重特性，见表 3-5。

表 3-5　管理的二重性

二重性	内容	特点
自然属性	管理是有效组织共同劳动所必需的，是合理组织生产力和社会化大生产的必然要求	自然属性是管理的根本属性
社会属性	管理体现生产资料所有者的意志，同一定的生产关系和社会制度相联系 任何一种管理方法、管理技术和管理手段都带有明显的时代烙印，其有效性往往同生产力水平和社会历史背景相适应	与生产力水平和社会历史背景密切相关，不存在一种普遍适用于古今中外的管理模式

管理的目标就是有效地实施组织的目标，是通过"做正确的事，正确地做事"来达到一定的组织绩效。组织绩效能衡量管理目标的实现程度，组织绩效与管理的效率和效果成正比。

管理的三项责任：管理者所服务机构的业绩；使工作富有效率，并且让员工有所成就；管理社会影响和社会责任。

管理布局时，应考虑怎么做能使组织保持高的效率，同时应当做什么才能取得好的效果，怎样组织才具有最大的有效性。管理布局示意图如图 3-31 所示。

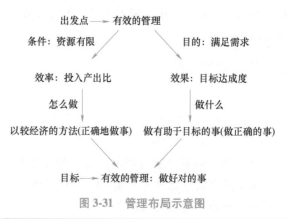

图 3-31　管理布局示意图

二、管理的职能

管理的职能是管理本质的外在根本属性及其所

应发挥的基本效能，是对管理活动应有的一般过程和基本内容的理论概况。管理的内容可从横纵两个不同角度来考察和分析，如图3-32所示。

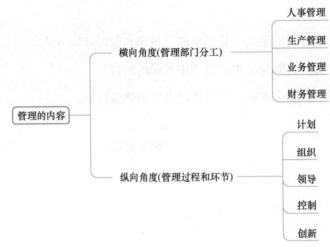

图3-32　管理的内容示意图

管理的组织、领导与控制功能是保证管理计划目标实现的条件。创新职能是管理五大职能的核心，全面体现于其他四大管理职能的活动中，是推动管理循环的原动力。管理的职能示意图如图3-33所示。

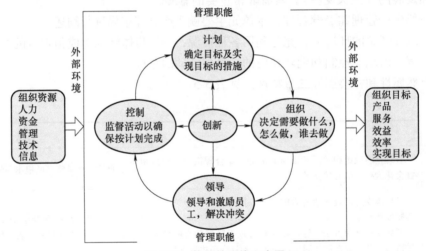

图3-33　管理的职能示意图

创新是组织发展的基础，是企业获得竞争优势的利器，是获取经济增长的源泉，是摆脱发展危机的途径。创新渗透和贯穿于整个管理活动和管理环节的全部创造性工作中，是对旧的管理活动和管理环节的重大完善和改进，能带来更大的管理效益。创新包括新方法、新思路、新组织、新模式、新制度等几个方面。

三、现代生产管理

（一）现代生产管理方法

现代生产管理的方法有很多，最主要的有以下几种，如图3-34所示。

（二）产品生命周期管理

产品生命周期管理（PLM）是一种企业信息化商业战略，实施一整套的业务解决方案，把人、过程和信息有效地集成在一起，作用于整个企业，支持产品全生命周期信息的协作研发、管理、分发和应用的一系列应用解决方案。

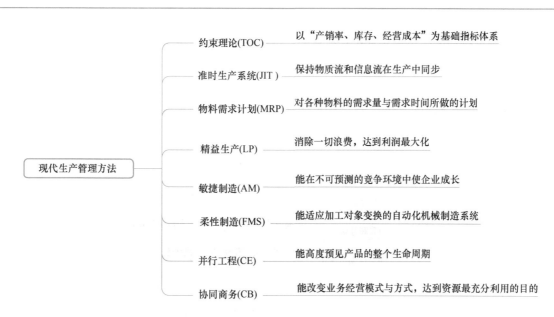

图 3-34　现代生产管理方法示意图

1. 产品生命周期管理的内涵

产品生命周期是 PLM 的主线。通过对产品生命周期的分析，可以了解到 PLM 都需要管理哪些阶段、哪些内容，以及提供哪些功能。任何工业企业的产品生命周期都是由产品定义、产品生产和运作支持这三个基本的紧密交织在一起的生命周期组成，如图 3-35 所示。

图 3-35　产品生命周期管理的内涵示意图

2. 产品生命周期管理的核心功能

产品生命周期管理可为用户提供数据存储、获取和管理的功能。不同的用户使用不同的功能集合。产品生命周期管理的核心功能示意图如图 3-36 所示。

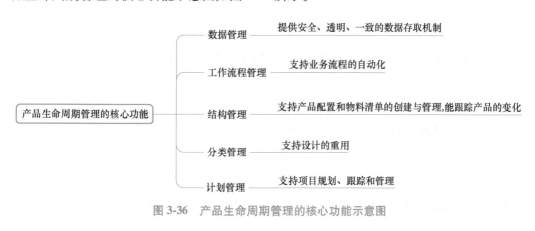

图 3-36　产品生命周期管理的核心功能示意图

3. 产品生命周期管理的解决方案

产品生命周期管理的解决方案是在基础技术、核心功能和特定应用之上构筑的一个面向行业或职能领域的技术基础结构。它不仅包括一系列灵活、可配置的软件工具，还包括以往相关实施的最佳实践经验、方法和资源，以及一些原则性的指导等。目前，在制造领域，比较优秀的 PLM 解决方案包括为制造企业提供了平台可扩展性、应用丰富性及可配置性。产品生命周期管理的解决方案示意图如图 3-37 所示。

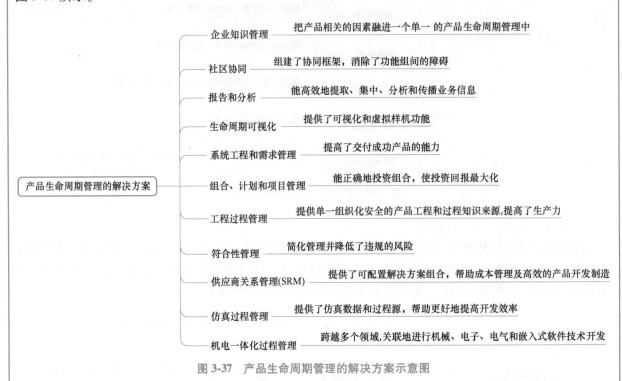

图 3-37　产品生命周期管理的解决方案示意图

产品生命周期管理的解决方案可以帮助有创新精神的企业极大地提高新产品开发的速度，加快企业在市场中的反应敏捷程度，是企业参与市场竞争、取得优势的关键。产品生命周期管理解决方案的实施是一个循序渐进的过程，成功的产品生命周期管理系统必定是技术、人员、数据和管理的有效结合与集成，它的实施将触动企业的管理流程和管理制度的变革，这需要得到企业各个层次人员，特别是高层管理人员的积极配合。

 【任务安排】

1. 任务探究

（1）试根据管理的定义和特性分析具体工业制造中管理的必要性。

（2）简述管理的特性和职能，并做出管理的一般模型。

（3）对比生产管理的方法，在具体情况下选择合适的生产管理方法。

（4）结合产品生命周期管理的内容，规划企业的生产流程和管理智能。

2. 任务评分

序号	评价内容及标准	自评分	互评分	教师评分
1	能说出管理的定义和特性（2分）			
2	能说出管理的职能，并画出管理职能模型图（3分）			
3	能说出生产管理的方法和应用场合（3分）			
4	能说出产品生命周期管理的内容（2分）			
	总分			

3. 知识归档

总结知识目录：

（1）_____

_____

（2）_____

_____

（3）_____

_____

（4）_____

_____

【小结】

　　本节介绍了管理的定义和特性、管理的职能模型、生产管理的方法和应用场合，以及产品生命周期管理的内容。

任务 2　生产管理布局	学生姓名：	班级：

 【知识学习】

一、生产管理

生产管理是对生产与运作系统的计划和控制系统的计划、组织、领导（指挥和协调）、控制和考核等一系列管理活动，把投入生产过程的各种生产要素有效地结合起来，形成有机的体系，按照最经济的方式生产出满足社会需要的产品或服务的管理活动过程。一般生产管理布局的流程图如图 3-38所示，其中，生产管理布局的核心部分是组织工作。

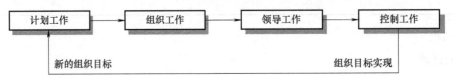

图 3-38　生产管理布局的流程图

（一）计划的内容

计划是为了从事工作预先规划好的详细方案，具有目的性、首要性、普遍性和效率性。计划工作是对将来活动做出决策所进行的周密思考和准备工作，包括确定组织的目标，为实现目标所制定的总体战略，以及为综合和协调各项活动而提出的一系列派生计划。

计划的层次可分为战略计划、战术计划和作业计划，如图 3-39 所示。

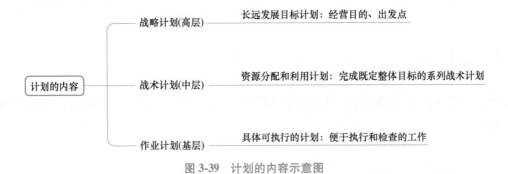

图 3-39　计划的内容示意图

计划目标是在计划期内生产经营活动的预期，是企业对内部情况和外部情况分析后确定的。计划目标一般有四类，如图 3-40 所示。

企业应拟定各种实现计划目标的方案，以便寻求实现目标的最好计划方案。拟定计划方案时，可借鉴已经成功或失败的经验，更重要的是需要有创新，从技术和经济等方面对各种可行性方案进行评估，选择最优计划方案，拟定奖惩措施的政策。

（二）组织设计

组织结构（权责结构）是系统中各组织部门与管理层次的划分及联系形式，其本质是分工协作的关系。设计组织结构的目的是为了更有效、更合理地把组织成员组织起来，使各成员能为实现组织的目标而协同努力。组织结构形式一般有扁平组织结构（见图 3-41）和金字塔型组织结构（见图 3-42）两种。常见的组织结构的类型有直线制、职能制、直线职能制、事业部制、矩阵制结构等。

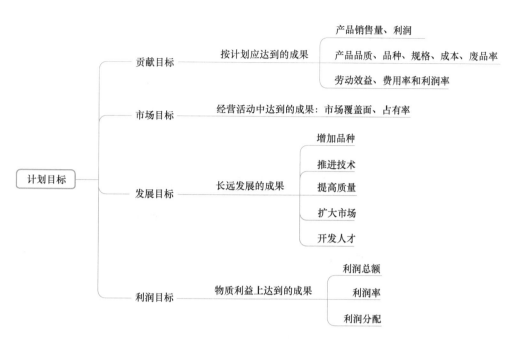

图 3-40　计划目标内容示意图

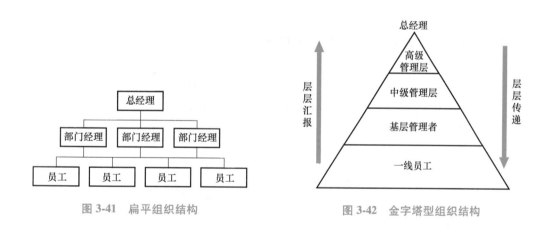

图 3-41　扁平组织结构　　　　图 3-42　金字塔型组织结构

（三）领导工作

管理层次的划分一般分为高级管理层（决策层）、中级管理层（经营管理层）和基础管理层（作业层）三个层次。

根据岗位职责权限，管理层分为综合管理者（董事长、总经理和经理等）和职能管理者（生产经理、销售经理和财务经理等）。管理者具有人际关系角色、信息传递角色和决策制定角色等。

管理技能，有技术技能、人际技能和概念技能，不同层次的管理者对应这三种技能的要求不同，如图 3-43 所示。

（四）控制工作

基于现代控制理论的研究，领导决策是为了实现组织的某一目标，从若干可行方案中选择一个方案的分析判断过程。有四层含义：决策是为实现一定的目标服务的，在对决策方案做出选择前，一定要有明确的目标；决策必须有两个以上的方案；决策要进行方案的比较分析，选择一个较为合适的方

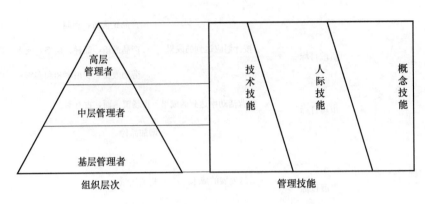

图 3-43   不同层次的管理者对应管理技能示意图

案；决策是一个多阶段、多步骤的分析判断过程。

二、生产管理布局的实施

产品生命周期管理可以最大限度地实现跨越时空、地域和供应链的信息集成，在产品全生命周期内充分利用分布在 ERP、CRM、SCM 等系统中的产品数据和企业智力资产。产品生命周期管理合理的方式是针对企业具体需求提供系统组合的入门方案，即统一规划、按需建设、重点受益。

（一）生产管理布局的内容和原则

生产管理主要研究四个方面的问题，如图 3-44 所示。

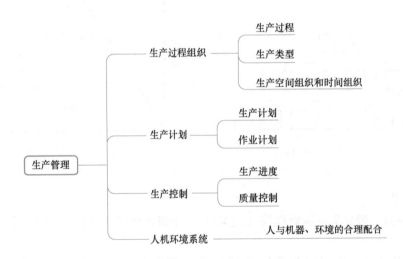

图 3-44   生产管理布局示意图

生产管理的指导原则：讲求经济效益，坚持以销定产，实行科学管理，组织均衡生产，实施可持续发展战略。

（二）生产管理的框架和流程图

生产管理的实质是对企业生产系统的管理，主要解决企业内部人、财、物等各种资源的最优组合问题，是对有增值转换过程的有效管理，在技术可行和经济合理基础上的资源高度集成，满足顾客对产品和服务特定的需求。

根据生产管理的各环节和内容，设定生产管理的结构框架，如图 3-45 所示。

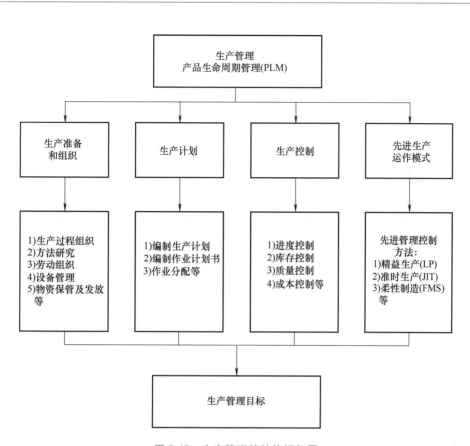

图 3-45　生产管理的结构框架图

生产管理流程图如图 3-46 所示。

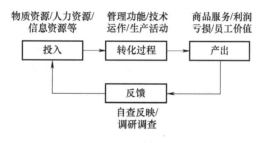

图 3-46　生产管理流程图

【任务安排】

1. 任务探究

（1）根据管理布局的流程画出管理布局的思维导图。

（2）分析各组织结构类型的特点和适用范围，填写表 3-6。

表 3-6　各组织结构类型的特点和适用范围

组织结构类型	职位排列形式	优点	缺点	适用范围
直线制				
职能制				
直线职能制				
事业部制				
矩阵制				

（3）结合领导的管理层次分析不同层次管理者对应的管理技能要求。

（4）根据生产管理布局的内容、框架和流程图分析具体行业和生产线的管理活动。

2. 任务评分

序号	评价内容及标准	自评分	互评分	教师评分
1	能简述生产管理布局的流程和内在联系（2分）			
2	能说出各种组织结构类型的特点和适用范围（3分）			
3	能说出领导的管理层次及对应的管理技能要求（2分）			
4	能使用生产管理布局的内容、框架和流程图解决实际问题（3分）			
	总分			

3. 知识归档

总结知识目录：

（1）_____

_____

（2）_____

_____

（3）_____

_____

⭐ 小知识

精益生产管理

精益生产管理是以客户需求为拉动，以消灭浪费和不断改善为核心，使企业以最少的投入获取成本和运作效益显著改善的一种全新的生产管理模式。其特点示意图如图 3-47 所示。

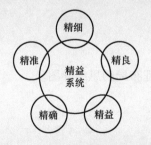

图 3-47　精益生产管理特点示意图

【小结】

本节主要介绍了生产管理布局、组织结构的形式，以及生产管理的框架和流程图。

团队合作与团队管理

团队合作是指团队里面通过共同的合作完成某项事情。1994 年，斯蒂芬·罗宾斯首次提出了"团队"的概念：为了实现某一目标而由相互协作的个体所组成的正式群体。

当团队合作是出于自觉和自愿时，它必将会产生一股强大而且持久的力量。

一般而言，团队建立能成功必须具有下列要件：

1）小组成立有其自然的原因；

2）小组成员的经验和能力要能够彼此相互依赖；

3）小组成员的地位和身份最好相当，不能相差太大；

4）小组的沟通必须具有开放性，才能有效沟通，以利于解决问题。

团队管理（Team Management）指根据工作性质、成员能力组成各种小组，参与组织各项决定和解决问题等事务，以提高组织生产力和达成组织目标。随着工作任务的灵活性及难度的增加，很多工作实难靠个人独立完成，必须有赖于团队合作才能发挥力量。有效的团队管理，针对激发成员潜能、协助问题解决、增进成员组织认同、提升组织效率与效能，对管理者和团队提出了更高要求。

2019 年年底，新型冠状病毒出现并爆发，为了打赢湖北保卫战、武汉保卫战，4 万多名医护人员逆行出征，约 4 万名建设者从八方赶来，并肩奋战，抢建火神山和雷神山医院。他们日夜鏖战，与病毒竞速，创造了 10 天左右时间建成两座传染病医院的"中国速度"！

两座医院是应急工程，往往"计划赶不上变化"。雷神山医院经历 3 次扩容，面积从 5 万 m^2 增加到 7.99 万 m^2，火神山医院前后经历了 5 次方案变更。

这些管理者和建设者不畏风险，同困难做斗争，充分展现团结起来打硬仗的"中国力量"！

武汉不会忘记，历史终将铭记这个英雄的群体——火线上的建设者！中国力量——2020 年 2 月疫情火线上的建设如图 3-48 所示。

图 3-48　中国力量——2020 年 2 月疫情火线上的建设

分享时刻：走进管理布局，请你谈一下对其他国家疫情防控管理应对措施的看法。

单元 4　走进生产过程

 单元知识目标：能说出产品生产过程及各个环节。

单元技能目标：举出实例，能说出生产过程各环节的设计要点。

单元素质目标：崇尚工匠精神，树立严谨求实的职业精神。

任务 1　认识产品生产过程	学生姓名：	班级：

【知识学习】

一、产品生产过程的定义

工业企业的基本活动是供、产、销，其中"产"即生产过程，是工业企业资金循环的第二阶段。其主要功能是生产合格的工业产品，创造产品的使用价值和附加价值，并作为商品出售，满足社会需求。生产过程是每个工业企业最基本的活动过程。

生产过程是从产品投产前一系列生产技术组织工作开始，直到成品生产出来的全部过程，是围绕完成产品生产的一系列有组织的生产活动的运行过程。生产过程示意图如图 3-49 所示。

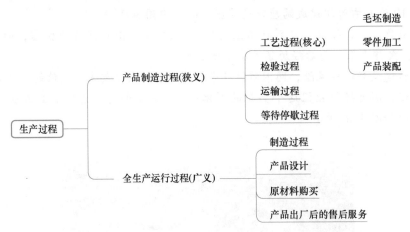

图 3-49　生产过程示意图

生产过程还可以分为自然过程和劳动过程。劳动过程分为生产准备过程、基本生产过程、辅助生产过程和生产服务过程。基本生产过程又具体划分为工艺过程、检验过程和运输过程，分别由各自的工序组成。

二、生产过程的构成及分类

（一）生产过程的构成

生产过程构成示意图如图 3-50 所示，包括结构性构成和任务性构成。

1. 生产过程的结构性构成

生产过程的结构性构成主要是劳动者和生产设备的组织形式，是一种由生产任务关系形成的工作

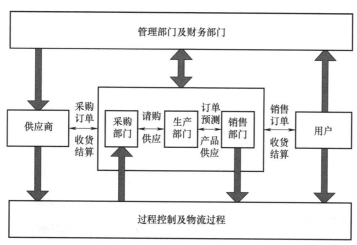

图 3-50　生产过程构成示意图

组织，主要包括工作地和工作中心，如图 3-51 所示。

图 3-51　生产过程的结构性构成示意图

2. 生产过程的任务性构成

生产过程按任务的分解和结合细分，由工序和工艺阶段两个基本单元构成，如图 3-52 所示。

图 3-52　生产过程的任务性构成要素示意图

（二）生产过程阶段

生产过程按生产产品所需劳动性质及其对产品所起作用的不同，其流程划分为技术准备过程、基本生产过程、辅助生产过程和生产服务四个阶段，如图 3-53 所示。

不同企业由不同生产过程构成，基本构成取决于产品的特点、生产规模、专业化协作水平、生产技术和工艺水平等因素。

（三）生产过程的分类

按照生产过程组织的构成要素，可以将生产过程分为物流过程、信息流过程和资金流过程。如图 3-54 所示。

按照工艺过程的连续性，生产过程可以分为流程式（连续型）生产和加工装配式（离散式）生产。

1. 流程式（连续型）生产

在生产过程中，物料均匀、连续地按一定工艺顺序运作。此生产过程的典型应用有塑料、药品、肥料等化工产品，以及炼油、冶金、食品和造纸等产品的生产。

通常可将流程工业的生产方式分为连续型生产方式、批处理生产方式和混合型生产方式，见表 3-7。

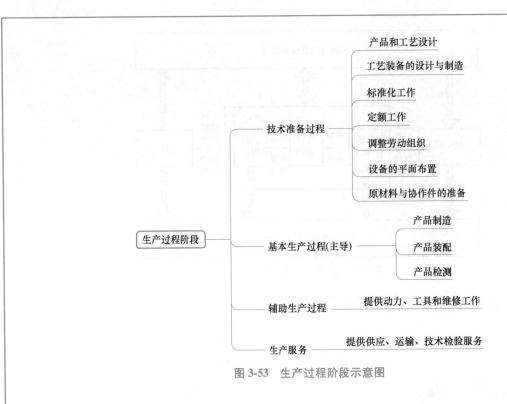

图 3-53　生产过程阶段示意图

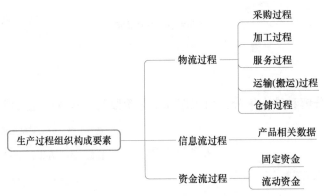

图 3-54　生产过程组织构成要素示意图

表 3-7　流程工业

流程工业	物料加工过程	特点
连续型生产方式	物料保持不间断流动，流动方向和途径不发生变化	处理量比较大，设备生产效率相对较高
批处理生产方式	物料流动方向和途径会间歇性地改变，以分批方式组织生产	往往由一些通用设备组成，灵活性高
混合型生产方式	包含连续型和批处理两种生产过程	综合连续型和批处理的特点，但对柔性生产线要求更高

2. 加工装配式（离散式）生产

在生产过程中，产品是由离散的零部件装配而成，物料运动不连续。此生产过程的典型应用有机床、汽车、电子设备、服装等产品的生产。

按生产方法的不同，其生产过程可分为合成型、分解型、调制型和提取型，见表 3-8。

表 3-8　生产过程特点

类型	特点	典型行业应用
合成型	把多个不同的结构或成分，进行装配或合成为一种产品	家用电器、机床、汽车等设备制造
分解型	把较少的生产原材料加工处理后分解成多种产品	石油化工等
调制型	通过改变加工对象的形状和性能而制成的产品	钢铁、橡胶制品等
提取型	从自然界中直接提取产品	矿藏开发、油田开发等

三、企业的生产类型定义、分类及特点

（一）企业生产类型定义和分类

企业的生产类型是生产的产品产量、品种和专业化程度在企业技术、组织和经济上的综合反映和表现。生产类型决定了企业和车间的生产结构、工艺流程和工艺装备的特点，生产过程的组织方式，工人的劳动分工及生产管理方法。企业的生产类型，根据研究目的的不同，主要有三种分类形式，如图 3-55 所示。

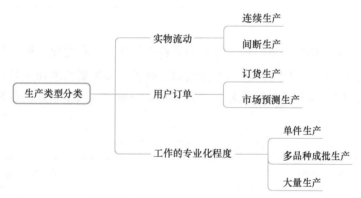

图 3-55　企业的生产类型分类示意图

（二）企业生产类型的特点

企业生产类型特点示意图如图 3-56 所示。

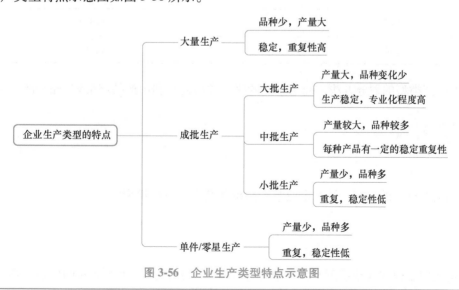

图 3-56　企业生产类型特点示意图

企业生产类型的划分具有相对的意义，每个企业在不同的组织层次上都可能同时存在三种不同的生产类型。

通常按工作的专业化程度确定企业生产类型时，首先确定各工序的生产类型，然后依据各种生产类型工序所占比重确定生产线或工段的生产类型，再用同样的原则考虑基本生产和辅助生产的关系及配合，从而确定车间和企业的生产类型。

按工作的专业化程度的不同，生产类型的方法有工序数目法和大量系数法两种。

1. 工序数目法

根据各工作所承担工序的数量确定各工作的生产类型，见表3-9。

表3-9　工序数目表

生产类型	工序数目
大量生产	1~2
大批生产	2~10
中批生产	10~20
小批生产	20~40
单件生产	40以上

2. 大量系数法

每一个零件的每一道工序所需单位加工时间与零件平均生产节拍之比，即大量系数 $K_{大量}$，$K_{大量}$ 就是在计划期内为保证能生产出规定的产品或零件数量，代表工序需要总的加工时间占设备或计划期有效时间的比值，即各工序所需要设备的数量，见表3-10。一般地，大量系数的倒数就是应承担的工序数目 m。

表3-10　生产类型的参考数据表

工序的生产类型	大量系数 $K_{大量}$
大量生产	大于0.5
大批生产	0.1~0.5
中批生产	0.05~0.1
小批生产	0.025~0.05
单件生产	小于0.025

除了以上生产类型的划分方法，确定企业的生产类型还有利用产品产量划分的方法等。

 【任务安排】

1. 任务探究

（1）简述生产过程的内容，针对企业某产品构建其生产过程模型。

（2）分析比较流程式（连续型）生产和加工装配式（离散式）生产方式的区别，填写表3-11。

表 3-11　两种生产方式的特征比较

特征	流程式（连续型）生产	加工装配式（离散式）生产
成品品种数		
原材料品种数		
在制品库存		
副产品		
产品个性化		
设备的柔性化		
自动化程度		
生产能力		
扩充能力的周期		
营销的侧重点		
设备维修		
能源消耗		
管理需求		

（3）对比企业的大量生产、成批生产和单件生产的区别，填写表 3-12。

表 3-12　生产类型特点

项目	大量生产	成批生产	单件生产
产品品种和产量			
工作地专业化程度			
设备和工艺装备			
工业技术和熟练要求			
设备布置			
工艺规程形式			

（4）依据理论分析具体生产型企业的生产类型。

2. 任务评分

序号	评价内容及标准	自评分	互评分	教师评分
1	能说出生产过程的定义（2 分）			
2	能说出生产过程的结构，并画出生产过程模型图（2 分）			
3	能说出连续生产和离散生产的区别（2 分）			
4	能说出企业的生产类型（大量/批量/少量）的区别（2 分）			
5	能说出具体生产型企业的生产类型（2 分）			
总分				

3. 知识归档

总结知识目录：

    (1) _____

_____

    (2) _____

_____

    (3) _____

_____

    (4) _____

_____

【小结】

本节主要介绍了产品生产过程的定义、生产过程的结构与生产类型，以及企业生产类型的定义、分类及特点。

任务 2　了解生产过程环节的设计	学生姓名：	班级：

 【知识学习】

一、生产过程组织

（一）生产过程组织的概念及要素

生产过程组织是通过各种生产要素和生产过程的不同阶段、环节、工序的合理安排，使其在空间上、时间上形成一个协调的系统，使产品在运行距离最短、花费时间最省、耗费成本最小的情况下，按照合同规定或市场需求的品种、质量、数量和成本交货期生产出来。生产过程组织示意图如图 3-57 所示。

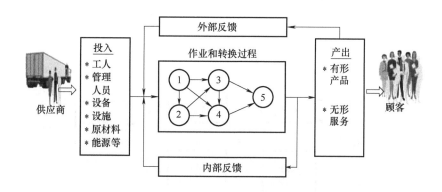

图 3-57　生产过程组织示意图

生产过程组织是企业生产管理的重要内容，是研究工业企业从空间和时间上合理组织产品生产，将生产活动中各要素有机组织起来，使生产过程尽可能少地消耗和占用劳动，生产出尽可能多的符合市场需要的产品，从而获得最好的经济效益。

企业生产系统的组织以最大限度提高企业综合生产效率为目标，对企业的人力、设备、物料等各项资源在空间上和时间上进行科学的组织和安排。

合理组织生产过程是指把生产过程从空间上和时间上很好地结合起来，使产品以最短的路线、最快的速度通过生产过程的各个阶段，并且使企业的人力、物力和财力得到充分的利用，达到高产、优质、低耗。合理组织生产过程的要素如图 3-58 所示。

图 3-58 所示合理组织生产过程的四个要素是衡量生产过程是否合理的标准，也是取得良好经济效益的重要条件。生产系统的合理组织将有利于保证企业按质按量及时为社会提供低成本的产品，从根本上促进企业经济和社会效益目标的实现。

（二）生产过程的三种专业化形式

生产单位的组成主要依据生产过程的专业化形式，主要分为工艺专业化、对象专业化和混合式生产三种形式。

1. 工艺专业化生产形式

工艺专业化生产形式按工艺阶段或工艺设备相同性的原则来建立生产单位。按工艺专业化形式生产的单位，集中了同类工艺设备和同工种的工人，加工的基本方法大致相同，加工对象多样化。工艺专业化生产形式示意图如图 3-59 所示。

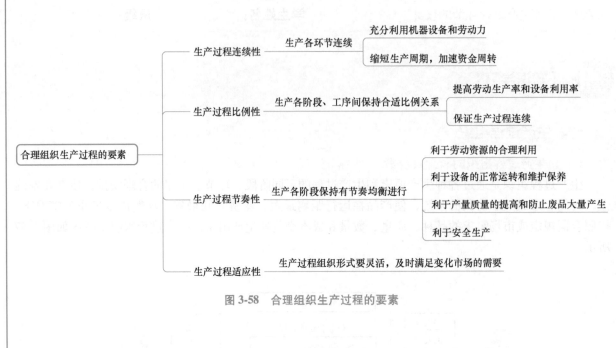

图 3-58　合理组织生产过程的要素

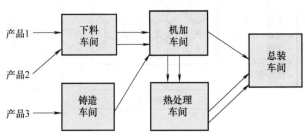

图 3-59　工艺专业化生产形式示意图

2. 对象专业化生产形式（封闭式生产）

对象专业化生产形式以加工对象作为划分生产单位的原则。以某种零件或零件组建立的生产单位是对象专业化程度较高的一种。为了完成该对象加工的全部或大部分工艺过程，集中了不同种类和型号的机器设备及相应不同工种的工人。对象专业化生产形式的优缺点见表 3-13。

表 3-13　对象专业化生产形式的优缺点

优点	缺点
1）加工路线比较短，运输工作量比较少，需设置的中间仓库可以减少 2）减少了在制品的占用量，有利于流动资金的合理利用 3）简化了计划管理工作	1）对产品变动的应变能力较差 2）当产品变动较大时，设备利用率较低 3）工人之间的技术交流比较困难

对象专业化生产单位是一种优点较多、经济效果较好的生产组织形式，特别适用于产品方向稳定、产品产量较大的企业。对象专业化生产形式示意图如图 3-60 所示。

3. 混合式生产形式

在工艺专业化生产形式的基础上，局部采用对象专业化生产形式。例如，同一生产单位内存在不同的产品生产小组；在对象专业化生产形式的基础上局部采用工艺专业化生产形式，例如，同一工作地点的设备成组布局。

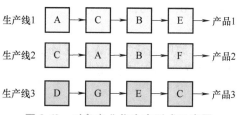

图 3-60　对象专业化生产形式示意图

二、生产过程系统的设计

生产过程系统通常由硬件系统和软件系统两部分组成。硬件系统指厂房、设备和各种生产设施的构成及其空间布置。

1. 工厂总平面布置的原则

工厂总平面布置的原则如图 3-61 所示。

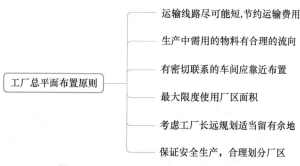

图 3-61　工厂总平面布置原则示意图

2. 生产活动关系图法

根据企业各部门之间的活动关系、密切程度布置相互位置。

首先，将密切关系程度划分为 6 个等级，然后列出导致不同程度关系的原因。根据以上原则将待布置的部门确定出相互关系，根据相互关系的重要程度，按重要等级高的部门相邻布置原则安排出合理的布置方案，如图 3-62 所示。

代号	关系密切原因
1	使用共同的原始记录
2	共用人员
3	共用场地
4	人员接触频繁
5	文件交换频繁
6	工作流程连续
7	做类似的工作
8	共用设备
9	其他

代号	密切程度
A	绝对重要
E	特别重要
I	重要
O	一般
U	不重要
X	不予考虑

图 3-62　生产活动关系图

例：一个工厂按生产和服务设施共分成 6 个部门，计划布置在一个 2×3 的区域内，已知这 6 个部门的作业关系密切程度如图 3-63 所示，请做出合理布置。

解：第一步，列出关系密切程度（只考虑 A 和 X）

A：1—2，1—3，2—6，3—5，4—6，5—6；

X：1—4，3—6，3—4。

第二步，根据列表编制主联系簇，原则是从关系 A 出现最多的部门开始，如本例中部门 6 出现 3 次，首先确定部门 6，然后将与部门 6 有关的关系密切程度为 A 的联系在一起，如图 3-64 所示。

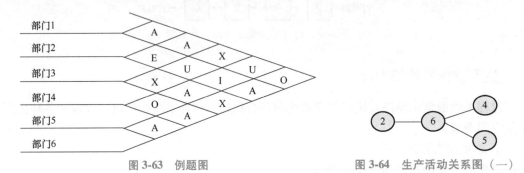

图 3-63　例题图　　　　　　　　　　图 3-64　生产活动关系图（一）

第三步，考虑其他 A 关系部门，如能加在主关系簇上就尽量加上去，否则画出分离的子关系簇，如图 3-65 所示。

第四步，画出 X 关系联系图，如图 3-66 所示。

图 3-65　生产活动关系图（二）　　　图 3-66　生产活动关系图（三）

第五步，根据联系簇图和可供使用的区域，用实验法安置所有部门，如图 3-67 所示。

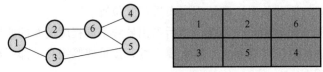

图 3-67　生产活动关系图（四）

3. 物料流量分析法

根据各单位的物料运输数量确定这些单位的相互位置的一种方法。方法包含：统计车间物流流量，绘制物料运量表；优先安排运量最大的车间，然后将与它流量最大的靠近布置；最后考虑其他因素进行改正和调整，如图 3-68 所示。

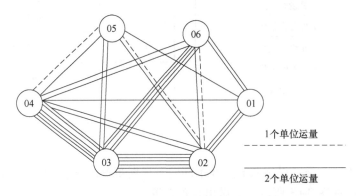

1个单位运量

2个单位运量

图 3-68　物料流量分析法

软件系统包括生产管理的规章制度、生产组织和计划与控制系统等内容。

 【任务安排】

1. 任务探究

（1）分析生产过程组织的模型及合理组织的要求，完善某生产企业的生产过程组织。

（2）比较生产过程的三种专业化组织形式的特征，填写表 3-14。

表 3-14　生产过程组织形式的特征

特征	工艺专业化	对象专业化	混合式
产品特性			
生产规模			
生产流程			
生产设备			
技术要求			

（3）结合生产过程系统设计的过程，按步骤完成具体问题的分析。

2. 任务评分

序号	评价内容及标准	自评分	互评分	教师评分
1	能简述生产过程组织的形式和合理组织的要求（2分）			
2	能说出生产过程的三种专业化组织形式的特征（2分）			
3	能根据组织的不同选择合适的组织方式（3分）			
4	能使用生产过程系统设计的过程按步骤完成具体问题的分析（3分）			
	总分			

3. 知识归档

总结知识目录：

（1）＿＿

＿＿＿

（2）＿＿

＿＿＿

（3）＿＿

＿＿＿

★ 小知识

生产管理软件

目前应用的生产管理软件有企业资源计划管理系统（ERP）、制造企业生产过程执行系统（MES）、生产设备和工位智能化联网管理系统（DNC）、生产数据及设备状态信息采集分析管理系统（MDC）、制造过程数据文档管理系统（PDM）、工装及刀夹量具智能数据库管理系统（Tracker）、NC 数控程序文档流程管理系统（NC Crib）等。

【小结】

本节主要介绍了生产过程组织的模型、生产过程的三种专业化组织形式，以及生产过程系统设计的过程。

本单元为产品生产制造相关技术及工艺流程的学习打下了基础。

中国梦与大国制造

大国工匠，匠心筑梦。一个工匠，形单影只，没有团队，聚不起社会的力量。工匠精神的背后，需要我们一起来守护。

倘若以全社会之力而形成一张工匠支撑网，形成崇尚技能的社会之风，将促成大国制造之中国梦的实现。

德国有许多蓝领工人，却是比白领经理更令人尊敬的存在。他们靠自己的劳动和技术为生，地位较高，虽是工人，却也体面得像个绅士。这是社会给予他们的肯定，给予他们那双劳动后布满老茧的手以崇高的敬意。匠人手作现场如图3-69所示。

中国的大国工匠深爱着自己的职业，也需要这样一张来自社会的支撑网，感受因职业受到的尊敬。

当商人等不及一个个精细打磨的手工瓷器出炉，市场上流动的就只能是统一形态的碗和盆。何不多给工匠们一些时间、一些支持，助他们圆梦。

给工匠们以礼遇、荣耀，就像《感动中国》所做的那样，给予那些不知名的英雄以最光明的舞台，这是一张荣耀之网。网住的是人心，是感动，也是我

图3-69　匠人手作现场

们苦苦寻找的工匠精神。带着如此满满的感动，工匠们的心底也必是充满暖意的，他们定会制造出更为精良的匠心作品。匠心筑梦，也定会吸引更多的匠人践行着工匠精神一同筑梦。

分享时刻：走进产品生产过程，请谈一下手艺人如何打磨工艺才能创造更高的产品价值。

单元 5 走进产品优化

◆ **单元知识目标**：能说出产品优化设计的定义及产品优化创新的方法。

▢ **单元技能目标**：举出实例，能说出产品创新在产品优化中的意义。

◉ **单元素质目标**：学习商品品级，形成创新思维，追求卓越的工匠精神。

任务 1 认识产品优化创新	学生姓名：	班级：

 【知识学习】

一、优化设计定义

所谓优化设计，就是以最优化理论为基础，在满足给定的各种约束条件的前提下，合理地选择设计变量数值，以获得在一定意义上的最佳方案的设计方法。利用优化设计，提高产品设计性能、降低产品成本等，可给企业带来直接的经济效益，从而提高企业产品的竞争能力。

在吸引力因素、需求因素、供给因素、效应因素和环境因素等一系列外部因素影响下的产品持续调整的过程中，产品优化和调整贯穿于产品生命周期的每一阶段，是产品演进的基本力量。

二、产品优化创新理论

企业竞争的焦点在于对市场的快速响应和优化创新，产品优化创新已成为企业生存的唯一出路。

现代企业产品创新是建立在产品整体概念的基础上，以市场为导向的系统工程。从单个项目看，表现为产品某项技术经济参数质量的突破和提高，包括新产品开发和老产品改进。从整体考虑，贯穿产品构思、设计、试制和营销全过程，是功能创新、形式创新和服务创新多维度交织的组合创新。突出产品创新的战略地位已经成为工业企业的普遍特征。创新设计理论示意图如图 3-70 所示。

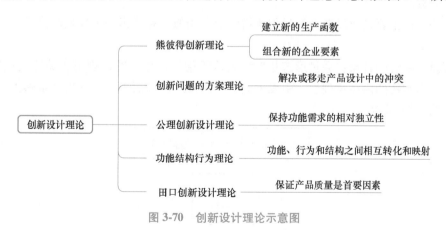

图 3-70 创新设计理论示意图

三、产品创新的方法

产品创新的方法有功能主义设计方法、语义象征设计手法、感性工学法、比例构成法及其他设计方法。

（一）功能主义设计法

功能主义设计源于现代主义设计运动，在早期的功能主义基础上发展出有机功能主义、新理性主义等设计流派。功能主义设计法示意图如图 3-71 所示。

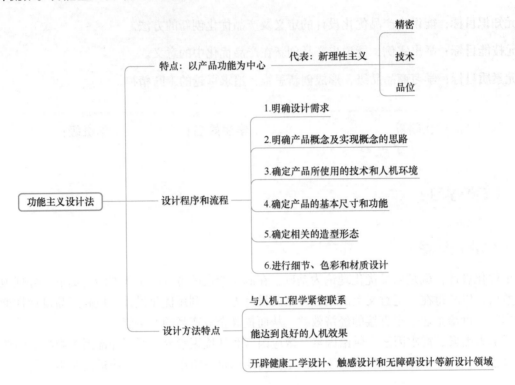

图 3-71　功能主义设计法示意图

（二）语义象征设计手法

语义象征设计手法属于符号学的一个分支。符号学是信息科学的一个门类，是人们认识世界的工具。世界上设计信号传递的事物都存在符号。

产品可以被看作一个符号系统，产品形态的各个方面都可以被称为设计符号，语义象征设计手法具有包容性和开放性。

语义象征的设计主要是通过造型符号与所指的形态相似性和逻辑相关性唤起使用者对隐含信息的获取。

语义象征设计手法的特点：通过形态相似性表达所指的信息，通过逻辑相关性表达所指的信息。符号学形态反映出实物的内在哲理性，引发人们对产品概念的深层思考并获得多重感受。语义象征设计手法框图如图 3-72 所示。

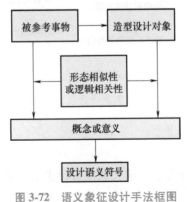

图 3-72　语义象征设计手法框图

（三）感性工学法

感性工学法是从人的感觉出发认识设计、进行设计的设计理论和设计方法论。感性工学的宗旨是要把人的感受、认知、经验等质量化，以工学的方式研究、表达，并在具体设计中应用。

感性工学法在产品设计中的应用方式多种多样，最常用的是用语义差异法（SD 法）等工具，通过问卷调查、专家访谈等方式获得消费者的形态意向描述数据，通过因子分析法等统计分析手段获得消费者感性词汇描述与形态的关系及其有效系数，形成感性坐标图，然后设计师通过感性坐标图进行形态分析。

（四）比例构成法

比例构成法是在确定基本结构后，采用比例、模数等构成法则设计产品形态。比例构成法设计的形态给人以节律美的审美感受。

比例构成法起源于古希腊，目前主要运用在建筑设计及产品设计领域，其中以柯布西耶提出的模数体系影响最大。

比例构成法示意图如图 3-73 所示。

图 3-73　比例构成法示意图

（五）其他设计方法

把产品形态设计当作一种艺术行为，突出产品外形的雕塑感，增强产品的戏剧效果和艺术感染力，以艺术性的感染力来表达对人的关怀和对社会的责任感。从产品的作用上来分，典型的有商业主义设计手法和高技术风格设计手法，如图 3-74 所示。

图 3-74　其他设计方法示意图

【任务安排】

1. 任务探究

（1）简述产品优化创新相关理论，填写表 3-15。

表 3-15　产品优化创新相关理论

优化创新理论	谁提出	写的是什么	怎么用
熊彼得创新理论			
公理创新设计理论			
功能结构行为理论			
创新问题的方法理论			
田口创新设计理论			

（2）了解产品创新的不同方法，画出创新的思维导图。

（3）分析产品对应的创新方法，并能运用产品创新的方法设计创新产品。

2. 任务评分

序号	评价内容及标准	自评分	互评分	教师评分
1	能说出产品优化创新相关理论（2分）			
2	能说出产品创新的不同方法（2分）			
3	能确认产品所用的创新方法（3分）			
4	能运用产品创新方法设计创新产品（3分）			
总分				

3. 知识归档
总结知识目录：

（1）_____

_____

（2）_____

_____

（3）_____

_____

 【小结】

本节主要介绍产品优化创新的定义、产品优化创新相关理论，以及产品创新的不同方法。

<table>
<tr><td>任务 2　创新实践</td><td>学生姓名：</td><td>班级：</td></tr>
</table>

 【知识学习】

一、培养创新思维

培养创新思维的理论方法有很多种，如多角度看问题；寻求多种答案，并加以对比；破除思维定式，从本质的需求出发看待设计问题；重视意外发现，抓住一瞬间的灵感；增强探索意识等。

日常生活中，培养创新思维的常用方法有五种，如图 3-75 所示。

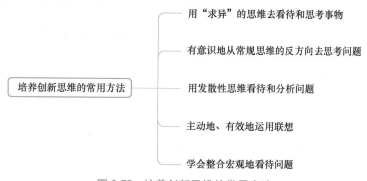

图 3-75　培养创新思维的常用方法

二、针对创新方法的具体措施

创新设计方法的选择关系到企业在新兴产品领域中的成败，和企业的整体策略相关。产品创新在具体实施时分为渐进式创新和突破性创新。

（一）渐进式创新

渐进式创新是在一定基础上，利用现有资源不断优化的改良性产品设计，是指在现有产品体系中寻求技术突破，把产品体系提升到一个新的台阶。渐进式创新示意图如图 3-76 所示。

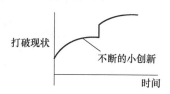

图 3-76　渐进式创新示意图

渐进式创新产品设计的特点：设计限制太多；设计开发余地较少；欠缺新功能、新特点。

1. 渐进式创新产品的设计程序（见图 3-77）

2. 渐进式创新产品的设计方法（见图 3-78）

渐进式创新积累了先进技术和各类生产要素，培养了用户群，为突破性创新创造条件。渐进式创新与突破性创新在一定程度上是"量变"到"质变"的关系，因此突破性创新很少出现在经济落后的国家，一般出现在渐进式创新基础较好的国家。另一方面，突破性创新提高了渐进式创新的起点。突破性创新发生后，创新进入新的周期，推动创新不断改进完善。总体上，渐进式创新是常态，突破性创新是偶然现象。

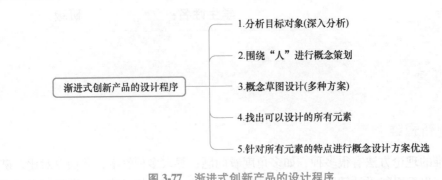

图 3-77 渐进式创新产品的设计程序

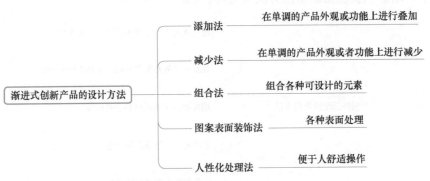

图 3-78 渐进式创新产品的设计方法

（二）突破性创新

突破性创新是基于渐进式创新提出的概念，是一种具有全新的、概念式的创新方式，是一种打破现有的创新思路，同时突破既有的用户群、价值链，否定现有市场依托于技术发展的产品创新，寻找新的创意方向。如数字技术导致胶片相机的生产资源沉没，电子商务吸引了大量商场消费者等。

1. 突破性创新的分类

突破式创新可分为产品的新方式、新品牌、新的运作模式、新用户体验经历等。

2. 突破性创新产品的设计程序（见图 3-79）

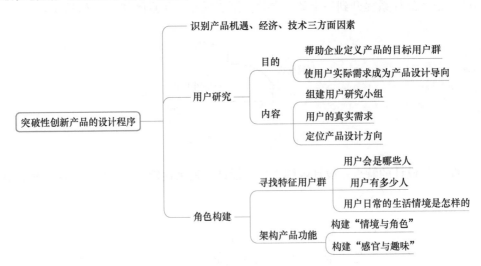

图 3-79 突破性创新产品的设计程序示意图

突破性创新重视外部资源，依靠少数人精英创新，具有颠覆产业结构的能力，企业容易出现爆炸式增长，但投入风险大，不确定性强，容易破坏现有产业体系，造成大量企业退出，员工失业。突破性创新容易出现在技术进步快的新兴产业，特别是模块化技术广泛应用的领域，如图 3-80 所示。

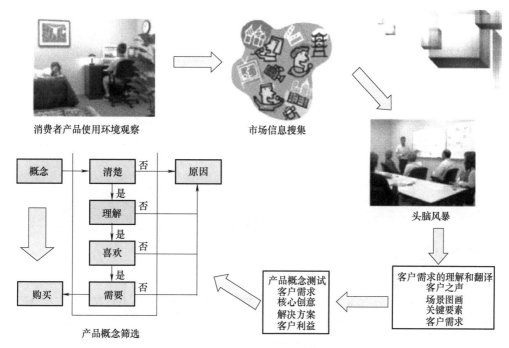

图 3-80　突破性创新产品的设计程序

 【任务安排】

1. 任务探究

（1）简述创新思维对日常生活的影响，列举电子电气等产品的创新事例。

（2）分析比较两种创新模式的区别，填写表 3-16。

表 3-16　两种创新模式的比较分析

创新模式	设计方法	优点	缺点	案例（产品生命周期）
渐进式				
突破性				

（3）结合产品生命周期，分别运用渐进式和突破性创新思维改进产品。

2. 任务评分

序号	评价内容及标准	自评分	互评分	教师评分
1	能说出培养创新思维的方法（2分）			
2	能说出创新实施的两种模式的区别（2分）			
3	能运用渐进式创新思维改进产品（3分）			
4	能运用突破性创新思维改进产品（3分）			
总分				

3. 知识归档

总结知识目录：

(1)　＿＿＿＿＿＿＿＿＿＿＿＿＿＿＿＿＿＿＿＿＿＿＿＿＿＿＿＿＿＿＿＿＿＿＿

　　＿＿＿＿＿＿＿＿＿＿＿＿＿＿＿＿＿＿＿＿＿＿＿＿＿＿＿＿＿＿＿＿＿＿＿＿＿

(2)　＿＿＿＿＿＿＿＿＿＿＿＿＿＿＿＿＿＿＿＿＿＿＿＿＿＿＿＿＿＿＿＿＿＿＿

　　＿＿＿＿＿＿＿＿＿＿＿＿＿＿＿＿＿＿＿＿＿＿＿＿＿＿＿＿＿＿＿＿＿＿＿＿＿

(3)　＿＿＿＿＿＿＿＿＿＿＿＿＿＿＿＿＿＿＿＿＿＿＿＿＿＿＿＿＿＿＿＿＿＿＿

　　＿＿＿＿＿＿＿＿＿＿＿＿＿＿＿＿＿＿＿＿＿＿＿＿＿＿＿＿＿＿＿＿＿＿＿＿＿

★ 小知识

商业模式创新案例

1. 在线电影租赁，如图 3-81 所示。

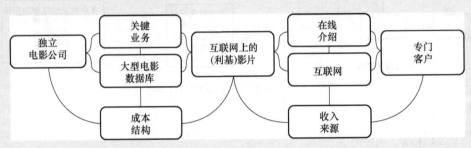

图 3-81　在线电影租赁

2. 某快餐商家经营模式创新

某快餐商家根据消费者需求打造个性化定制套餐如图 3-82 所示。

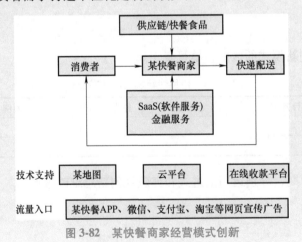

图 3-82　某快餐商家经营模式创新

📊 【小结】

　　本节主要介绍了日常创新思维的常用方法、创新实施过程中的两种模式，以及渐进式与突破性创新产品的设计方法和流程。

　　本单元为生产型企业产品设计相关技术及专业的学习打下了基础。

商品品级

商品品级

棉花产品质量检验如图 3-83 所示,某年棉花按品级价格变化对照表见表 3-17。

图 3-83 棉花产品质量检验

表 3-17 某年棉花按品级价格变化对照表

价格变化/(元/t)　长度/mm 品级	31	30	29	28	27
一	+700	+600	+500	+400	+200
二	+550	+450	+350	+250	+50
三	+400	+300	+200	基准	−300
四	−200	−300	−400	−500	−700
五	无	无	−1600	−1600	−1600

注: 1. 此表为某年的棉花价格变化参考表;

2. 数据以长度为 28mm、三级为基准,价格随品级与长度增加;

3. 五级、长度为 27mm 对应的数据仅适用于提前交割及复检降级棉花的贷款计算。

☕ **分享时刻:** 走进产品优化,谈一下你对工业产品质量分等的认识,如何才能生产出优等产品?

模块 4
智慧工厂

智慧工厂的提出、发展和实现，对传统制造提出了新的要求。智慧工厂生产加工通过掌握资源运转流程，提高生产过程的可控性，减少人工对生产线运行的干预，及时准确地采集工厂运行数据，合理地生产排产等，达到提升企业核心竞争力的效果。

知识目标

1. 能说出智慧工厂的生产加工模式及特点；
2. 能说出不同生产加工模式对应产品的特点；
3. 能说出生产加工仿真方法。

能力目标

1. 根据具体生产加工产品，能够设计有效的加工模式；
2. 能根据实例分析并选择优化加工工艺的方法；
3. 结合行业状况，分析各加工模式的现状和未来发展趋势。

素质目标

1. 提升收集、整理资料的能力，以及分析问题的能力；
2. 逐渐形成创新思维，提升分析与解决问题的能力；
3. 树立严谨认真的职业意识。

单元 1　走进智慧工厂的流程工业

> **单元知识目标：**通过学习，能说出流程工业的定义和特点。
>
> **单元技能目标：**结合具体的流程工业产品加工流程，分析流程中的典型设备及工艺。
>
> **单元素质目标：**提升分析问题与解决问题的能力，树立严谨求实的工作作风。

任务 1　认识智慧工厂的流程工业	学生姓名：	班级：

【知识学习】

现代制造企业除了应具备约定交货期、成本低、品质高和服务优等优势外，还要具备自动化、智能化的核心竞争力。发展数字化智慧工厂是解决现代制造行业困境的必经之路，无人化工厂是数字化的重要环节，建立无人化工厂，能提高设备的利用率，极大地提高产品的品质和稳定性，降低对人员的依赖。

一、流程工业的概念

流程工业也称为过程工业，指生产连续不断或半连续批量生产的工业过程，包括从原材料采购到产品输出与服务的全过程，典型的流程工业有石油、化工、冶金、电力和造纸等行业。

在流程工业的连续生产类型中，单一产品的生产持续进行，机器设备一直运转；连续生产的产品一般是企业内部其他工厂的原材料；产品基本没有客户化。此类产品主要有石化产品、钢铁、初始纸制品。流程工业的产品以流水生产线方式组织，连续的生产方式对应连续的工艺流程。

（一）流程工业的生产加工

连续生产工艺技术过程的连续程度高，不允许有任何间断出现，如发电、化工、冶炼生产等，一般没有离散工业典型的在产品、半成品和其他中间产品。流程工业的生产加工示意图如图 4-1 所示。

图 4-1　流程工业的生产加工示意图

（二）流程工业的现状与问题

当代流程工业向着规模大型化、智能连续化方向发展。流程工业企业普遍存在能耗大、环境污染严重、产品质量低、生产过程工艺落后、自动化水平低、管理水平不高、信息集成度不高、综合竞争力弱等缺点。

流程行业面临的主要问题：集约发展程度偏低，产业布局分散；资源环境约束加大，产业发展与环境保护的矛盾加剧；产品结构不合理，中低端产品比重大；创新能力不强，高端产品生产技术和大型成套技术装备主要依赖进口。

二、流程工业的工艺及设备

（一）典型的工艺过程

过程装备按用途分为工艺装置和辅助设施，其中工艺装置包含成套技术和过程设备。

成套技术是软件，指工艺和控制方法等；过程设备是硬件，指过程机械（静机床设备和动机器设备）。

典型的工艺过程与过程设备如图 4-2 所示。

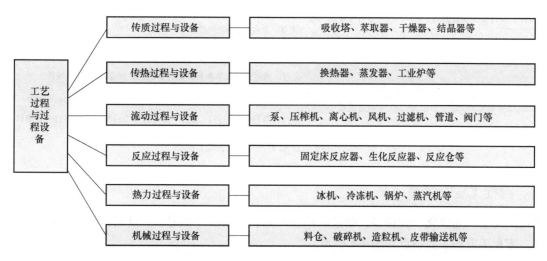

图 4-2　典型的工艺过程与过程设备示意图

新工艺需要有新的装备，生产过程中的节能降耗、长周期安全运行等要求对装备提出了更高的要求，高新技术提出了对过程装备技术提升的要求。

（二）流程工业的设备

一般地，流程工业的流程是连续的，一个工艺环节紧接着下一个工艺环节，不能分离、中断。因而流程工业的产品往往品种固定、批量大，对设备的要求比较高。

1. 流程工业对设备管理的要求

流程工业对设备管理的要求如图 4-3 所示。

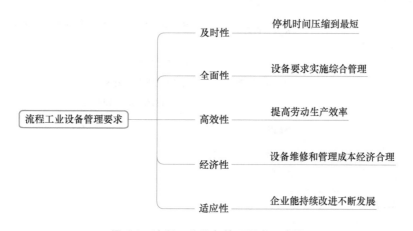

图 4-3　流程工业设备管理要求示意图

2. 流程工业设备的维修方式

流程工业设备主要采用三种维修方式，如图 4-4 所示。

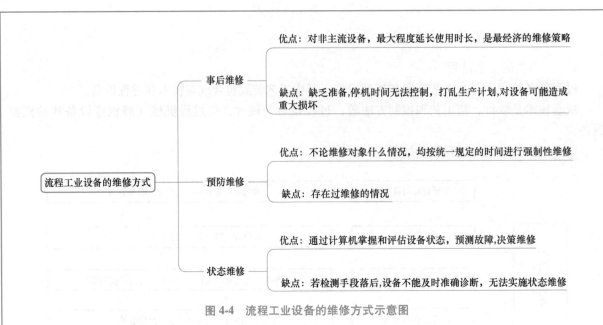

图 4-4　流程工业设备的维修方式示意图

三、流程工业的特点

流程工业生产连续化、设备多、变量间耦合严重、产品品种稳定、产量大，产品主要以质量和价格取胜。流程工业的主要特点如图 4-5 所示。

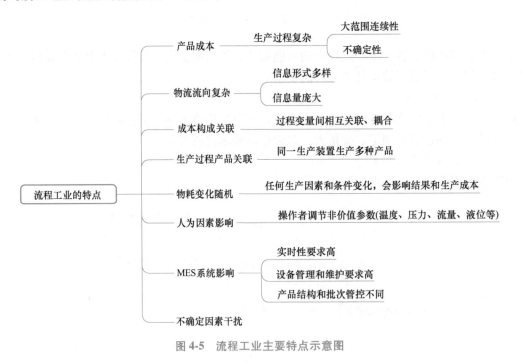

图 4-5　流程工业主要特点示意图

【任务安排】

1. 任务探究

（1）简述流程工业的定义，并画出流程工业产品生产加工的流程图。

（2）结合具体的流程工业产品加工流程，分析过程中的典型设备及工艺有哪些。

（3）根据生产流程中的产品类型分析流程工业产品及离散工业产品的区别，填写表 4-1。

表 4-1 流程工业与离散工业产品的区别

分类	产线名称	过程中的产品类型	主要加工模式
流程工业			
离散工业			

（4）简述流程工业的特点，并分析流程工业的发展趋势。

2. 任务评分

序号	评价内容及标准	自评分	互评分	教师评分
1	能说出流程工业的定义（2 分）			
2	能说出流程工业的工艺和设备（3 分）			
3	能说出流程工业所面临的主要问题有哪些（3 分）			
4	能简述流程工业的特点，并分析流程工业的发展趋势（2 分）			
	总分			

3. 知识归档

总结知识目录：

（1）_____

_____

（2）_____

_____

（3）_____

_____

 【小结】

本节主要介绍流程工业的定义、流程工业的工艺和设备、流程工业所面临的问题，以及流程工业的发展。

任务 2 流程工业系统分析方法与建模仿真	学生姓名：	班级：

【知识学习】

一、流程工业系统分析的基本方法

流程工业系统分析的方法有很多，基本分析方法如图 4-6 所示。

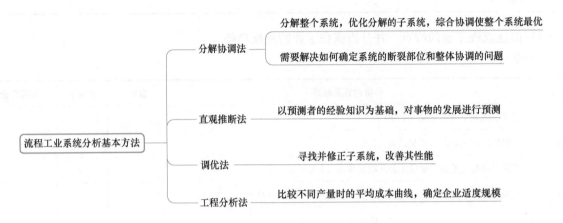

图 4-6　流程工业系统分析的基本方法示意图

其中，分解协调法的示意图如图 4-7 所示，调优法示意图如图 4-8 所示。

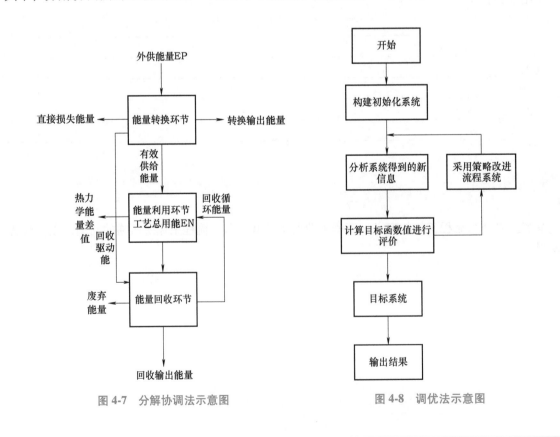

图 4-7　分解协调法示意图　　　　图 4-8　调优法示意图

二、流程工业系统的建模和仿真

（一）体系结构设计

流程工业生产规模庞大、环节衔接紧密、地域分布广泛、过程复杂和要求稳定，相对于离散制造工业生产自动化围绕设计和制造开展的技术手段有较大的差异。其体系结构设计示意图如图 4-9 所示。

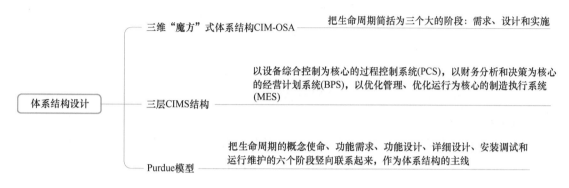

图 4-9　体系结构设计示意图

1. 三维"魔方"式体系结构 CIM-OSA

欧洲 ESPRIT 计划提出的 CIM-OSA 是一个三维"魔方"式体系结构，它的竖向时间轴（推导轴）反映了产品生命周期的思想，只不过它把生命周期简括为三个大的阶段，即需求、设计和实施，如图 4-10 所示。

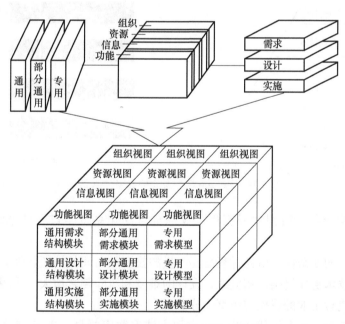

图 4-10　三维"魔方"式体系结构

2. 三层 CIMS 结构

1990 年，美国先进制造研究 AMR 提出制造行业的 BPS/MES/PCS 的三层 CIMS 结构。此 CIMS 结构将流程工业综合自动化系统分为以设备综合控制为核心的过程控制系统（PCS），以财务分析和决策为核心的经营计划系统（BPS），以及以优化管理、优化运行为核心的制造执行系统（MES），如图 4-11 所示。

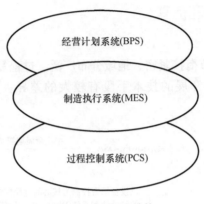

图 4-11　CIMS 结构

3. Purdue 模型

普渡大学提出的企业参考体系结构，把生命周期的概念使命、功能需求、功能设计、详细设计、安装调试和运行维护六个阶段竖向联系起来，作为体系结构的主线，如图 4-12 所示。

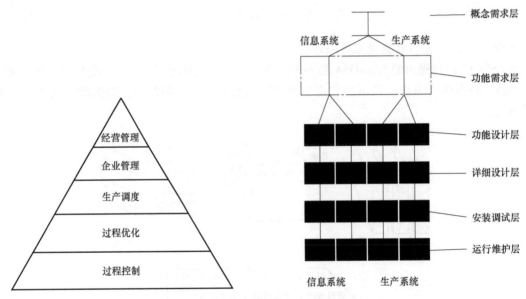

图 4-12　Purdue 模型及企业参考体系结构

结合以上体系结构分析，得到大型流程工业综合自动化系统全过程体系结构示意图如图 4-13 所示。

基于流程工业生产的复杂性，研究过程需要大量的投资和时间的消耗。随着自动化程度和制造柔性水平的提高，生产技术更加复杂，相应地，设计的难度和风险随之增大，采用建造实体进行研究与试验成本过高，因而流程工业的建模与仿真十分必要。

目前，建立流程工业生产系统优化模型的主要方法有数字规划、Petri 网建模、混杂描述形式和调度模型离散化的方法。

（二）仿真

1. 仿真系统的组成

仿真系统软件部分包括组态软件和实时运行软件两部分，组态软件用于完成对仿真对象结构、功能等的描述；实时运行软件根据组态软件生产的组态信息数据库，自动完成人机交互、数据通信和实时调整等各种过程控制，执行模型对象的仿真控制运行。仿真系统软件结构图如图 4-14 所示。

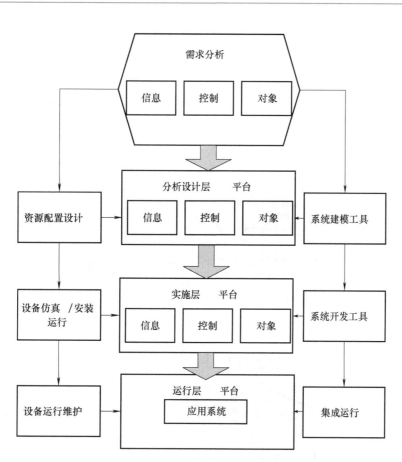

图 4-13　大型流程工业综合自动化系统全过程体系结构示意图

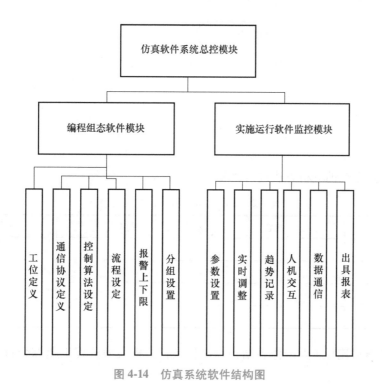

图 4-14　仿真系统软件结构图

2. 仿真程序流程

面向对象的程序设计是自动化软件设计上的一次重大提升，通过把对象有关的数据和对数据的操作封装起来，可以比较直观地认识和描述客观事物。在仿真系统的开发运行过程中，采用了面向对象的方法，通过把不同功能模块封装到不同的类中，简化了程序设计过程中遇到的各种错综复杂的关系，概念清晰，在实际运行中可以方便地实现系统功能的加载和卸载。仿真系统面向对象程序流程图如图 4-15 所示。

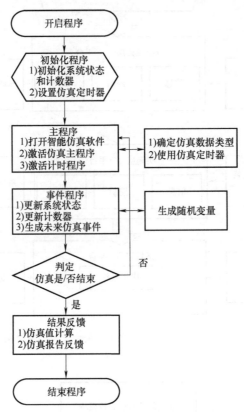

图 4-15　仿真系统面向对象程序流程图

　【任务安排】

1. 任务探究

（1）对流程工业系统的分析方法进行比较，填写表 4-2。

表 4-2　流程工业系统分析方法比较

方法	内容	特点	适用范围
分解协调法			
直观推断法			
调优法			
工程分析法			

（2）结合三种典型流程工业的体系结构设计特点，分析大型流程工业综合自行化系统全过程体系包含的结构。

（3）比较流程工业的几种优化建模方法的特点，分析过程体系结构包含的模型，填写表4-3。

表 4-3　流程工业优化建模方法的内容、特点及适用范围

方法	内容	特点	适用范围
数字规划			
Petri 网建模			
混杂描述形式			
调度模型离散化			

（4）根据仿真系统程序流程，对具体流程工业产品程序进行过程模拟仿真。

2. 任务评分

序号	评价内容及标准	自评分	互评分	教师评分
1	能说出流程工业系统的分析方法（2分）			
2	能说出流程工业体系的典型结构（3分）			
3	能说出建模系统的组成和优化方法（3分）			
4	能用仿真程序流程分析具体问题（2分）			
	总分			

3. 知识归档

总结知识目录：

（1）_____

_____

（2）_____

_____

（3）_____

_____

⭐ **小知识**

BPS/MES/PCS 功能见表4-4。

表 4-4　BPS/MES/PCS 功能

层次	系统	功能	范围	控制方式
1	BPS（经营计划系统）	计划	全局经营管理	信息技术
2	MES（制造执行系统）	执行	工厂生产运行	工厂信息系统
3	PCS（过程控制系统）	控制	产品过程操作	实时生产过程控制

【小结】

本节主要介绍了流程工业系统的分析方法、流程工业的三种结构模型，以及流程工业仿真系统的组成。

本单元为工业加工制造相关技术及专业的学习打下了基础。

流 程 图

流程的 6 个基本要素：流程的输入资源、流程中的若干活动、流程中的相互作用、输出结果、顾客、最终流程创造的价值。

流程图（Flowchart）：使用图形表示算法的思路是一种极好的方法。流程图在汇编语言和早期的BASIC 语言环境中得到应用，相关的还有一种 PAD 图，对 PASCAL 或 C 语言都极适用。

流程图有时也称作输入-输出图，它直观地描述一个工作过程的具体步骤。流程图对准确了解事情是如何进行的，以及决定应如何改进过程极有帮助。一张流程图能够成为解释某个零件的制造工序，甚至组织决策制定程序的方式之一，可以用于整个企业，以便直观地跟踪和图解企业的运作方式。

流程图使用一些标准符号代表某些类型的动作，如决策用菱形框表示，具体活动用方框表示，必须清楚地描述工作过程的顺序。将生产要素过程的各个阶段用图形块表示，不同图形块之间用箭头相连，代表各要素在系统内的流动方向。下一步何去何从，取决于上一步的结果，流程图也可用于设计改进工作过程，具体做法是先画出事情应该怎么做，再将其与实际情况进行比较。

流程图是揭示和掌握封闭系统运动状况的有效方式。作为诊断工具，它能够辅助决策的制定，让管理者清楚地知道问题可能出在什么地方，从而确定出可供选择的行动方案。

流程图是流程工业流转常用的决策方法，与流程图相类似的有思维导图，都是很有用的决策与分析的方法。系统流程图主要符号及说明见表 4-5。

表 4-5 系统流程图主要符号及说明

符号	名称	说明
⬡	准备	准备或预处理
▭	处理	能改变数据值或数据位置的加工或部件，如程序模块、处理机等
▱	输入/输出	表示输入或输出，是一个广义的不指明具体设备的符号
○	连接	指出转到图的另一部分或从图的另一部分转来，通常在一页上
⬠	换页连接	指转到另一页图上或由另一页图转过来

（续）

符号	名称	说明
←	数据流	用来连接其他符号，指明数据流动方向
▢	文档	通常表示打印输出，可以表示用打印终端输入数据
▢	联机存储	表示任何种类的联机存储，包括磁盘、软盘和海量存储器件等
▢	起止端点	开始/结束

分享时刻：分小组结合具体事件画出流程图，谈一谈流程工业的一般规律。

单元 2　走进智慧工厂的混合工业

 单元知识目标： 通过学习，能说出混合工业的定义和特点。

单元技能目标： 结合具体的混合工业产品加工流程，分析混合工业有哪些优势。

单元素质目标： 学习各行各业的匠心事迹，树立全面发展的世界观。

任务1　认识智慧工厂的混合工业	学生姓名：	班级：

【知识学习】

一、混合工业的概念

混合工业即多角经营，是指由一些产品之间具有某种联系或者毫无联系的工厂发展建立起来的。组建混合工业的主要目的是适应现代市场品种多样化要求，平衡企业收入，扩散经营风险，增加市场竞争能力，在某种程度上充分发挥企业现有各种潜力，进行资源的综合利用等。

混合工业建立在专业化生产的基础上，由具有足够规模的专业工业企业组成。

混合系统（HS）是一种离散构件和连续构件融合在一起的反应系统。其特点是随时间而连续变化，受离散突变事件的驱动。

二、混合工业流水线

在混合工业流水线（混合生产线）上，由于不同产品的工序和作业时间都不相同，所以生产计划必须考虑混合工业流水线上产品的投入顺序，即排产问题，实行有节奏、按比例地混合连续生产，使品种、产量、工时、设备负荷达到全面均衡。

（一）混合生产线的特点

混合工业流水生产系统能够适应多品种生产的需要，在基本不改变现有生产手段、生产条件和生产能力的条件下，通过改变生产组织的方法，能够满足用户对产品的多样化需求。与单一型生产线相比，混合生产线具有更高的灵活性，线上工作站的可变性大、适应性高，有助于提高产品质量。混合生产线的特点如图 4-16 所示。

图 4-16　混合生产线特点示意图

（二）混合生产的指导原则

混流生产线正常运转的前提是生产的均衡化和同步化。目的是均衡化的多品种、小批量混流生产，原则是数量均衡、品种均衡和混合装配。混合生产指导原则如图 4-17 所示。

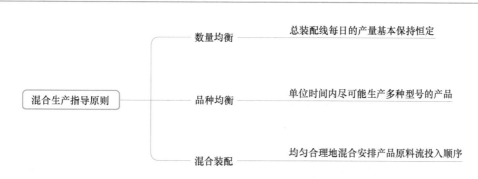

图 4-17　混合生产指导原则示意图

组织多品种混流生产的关键是实现生产的平准化。平准化的核心是混流生产线产品投产顺序的最优化。产品被拉动到生产系统之前，人为地按照作业时间、数量和品种进行合理搭配和排序，使拉动到生产系统中的工件流具有加工工时上的平稳性，保障均衡生产，同时在品种和数量上实现混流加工，能够对市场多品种和小批量需求做出快速响应。

（三）小批量多品种在制品库存

小批量多品种在制品库存一般存在两个特点，如图 4-18 所示。

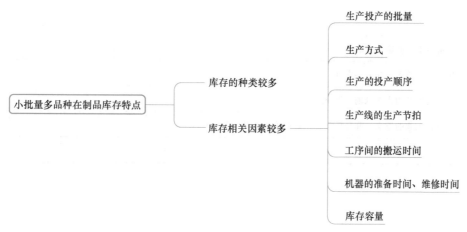

图 4-18　小批量多品种在制品库存特点示意图

三、混合工业的意义

从整体看，混合工业首先出现在一些较为发达的资本主义国家，其形成和发展同生产力发展水平及商品经济和市场竞争等因素有关。

随着生产力的不断发展及新技术的大量应用，工业生产发生着巨大的变化：一是产品质量有了根本性提高；二是产品的花色品种有了很多变化。这些巨变将产生一系列连续的循环发展过程。发展过程中，多样化消费品需求、消费资料生产多样化及生产资料多样化之间互相促进形成了一个连续的循环发展过程，结果是整个工业生产的所有部门和企业呈现出一种产品日益多样化的生产趋势。

面对品种多样化趋势，工业生产有两种方案：一是以企业少品种生产为基础，增加新企业的数量来实现；二是以企业多品种生产为基础，通过原有企业技术改造和适当扩充来实现。

对于企业来说，由于资源、交通运输及市场范围等客观因素制约，企业发展到一定程度时，原来的专业生产方向就会逐步达到最佳生产规模。进一步发展就应当另辟蹊径，增加新的专业生产方向，以提高经济效益。

【任务安排】

1. 任务探究

(1) 简述混合工业的定义，并画出混合工业产品生产加工的流程图。

(2) 结合混合工业流水线的特点及混合生产的指导原则分析混合工业过程中的生产安排是否恰当。

(3) 简述混合工业中小批量在制品的库存特点，并分析混合工业的发展趋势。

2. 任务评分

序号	评价内容及标准	自评分	互评分	教师评分
1	能说出混合工业的定义（2分）			
2	能说出混合工业流水线的特点（3分）			
3	能说出混合生产的指导原则（2分）			
4	能简述混合工业的意义，并分析混合工业的发展趋势（3分）			
总分				

3. 知识归档

总结知识目录：

(1) _____

(2) _____

(3) _____

(4) _____

【小结】

本节主要介绍了混合工业的定义与特点、混合工业的生产指导原则，以及混合工业的意义和发展趋势。

任务 2　混合工业的组织与建模仿真	学生姓名：	班级：

【知识学习】

一、混合工业的组织

（一）混合工业企业

随着生产力水平的提升和现代技术的进步、市场品种多样化需求的出现、劳动分工进一步细化、各种高效率大型智能机器的使用，使生产规模迅速扩大，专业化水平越来越高，从产品专业化逐步发展成为工艺、零部件等更高的专业化形式。

混合工业内部的各专业体要具有足够有效的规模。一般地，当混合公司的规模一定时，相关度与专业体数量成正比，专业体之间内在联系越大，数量就越多；反之则越小。

混合工业模式下为了实现多角化经营，尤其是对于规模较小的企业，应当选择有一定相关度的专业体进行发展。

对于在生产上有一定联系的混合工业企业来说，所有专业体属于同一行业或部门，在企业内部的生产技术、设备利用、资源使用等方面可以相互补充。

对于在经营上有一定关系的混合工业企业来说，各专业体可能不属于同一行业或部门，虽然在企业内部的生产过程中缺乏协作，但在销售市场上有联系，因而有利于销售。在销售市场上的产品若缺乏内在联系，可能会给销售带来不便。

（二）混合工业企业的组织形式

混合工业企业有不同的具体组织形式，按照内部专业体之间的联系程度，可以分为两类，如图 4-19 所示。

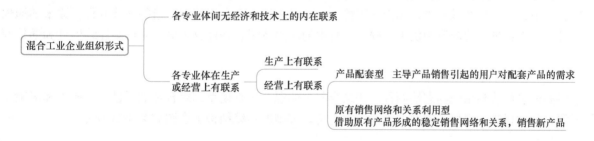

图 4-19　混合工业企业的组织形式示意图

（三）选择混合工业的原则

在选择混合工业的具体形式时，应将混合工业的企业和组织形式两个方面结合起来考虑，并遵循三个原则，如图 4-20 所示。

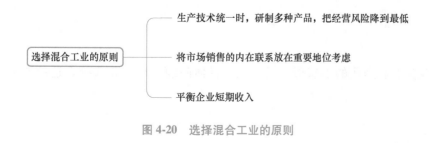

图 4-20　选择混合工业的原则

二、混合工业的模型和仿真

（一）混合工业的理论模型

混合系统由计算机及其控制的物理部件构成，其计算模型是具有随时间连续变化又受事件离散变量驱动的系统的数学模型，同时支持连续变量和离散事件耦合系统的计算，通常以微分方程为连续模型，以离散事件系统或自动机为离散模型。目前，在已有计算机理论和模型的基础上，陆续有多重混合系统模型，如混合自动机、混合 Petri 网、时段演算及混合 CSP 等。分析这些模型，有助于对实际混合系统的理解、设计和验证。

1. 混合自动机

混合自动机（Hybrid Automata）是有限状态自动机（FSA）的推广，最早由美国在 20 世纪 90 年代提出的。

2. 混合 Petri 网

混合 Petri 网是一种带标注的 Petri 网，网中用不同的位置表示不同的运动模式，用变迁定义模式间的切换条件和切换关系。

3. 时段演算及其扩充

对时段演算（Duration Calculus）的研究始于 1989 年，时段演算是一种实时区间时态逻辑，将布尔函数在区间上的积分形式化，用来描述和推导离散状态系统的实时和逻辑特性，在实施系统的形式化领域研究中有若干实例，如煤气燃烧器、水位控制和自动导航等。时段演算中没有无穷区间，无法描述定性的公平性和活性。扩充时段演算（EDC）引入分段或可微函数，可用来描述连续状态的性质，可对混合系统的实时需求进行刻化和精化。平均值演算和概率时段演算是时段演算的另两种扩充形式。

4. 混合通信顺序进程

混合通信顺序进程是通信顺序进程（CSP）的推广，可以容纳连续变量，用来描述混合系统的行为，控制部分可以逐步求精，变换成可在计算机上执行的软件，从而生成数值控制系统。在混合通信控制进程中，有一种特殊的语言称为连续构件，可以表示一个具体给定初值的微分方程，原来的通信语言可用来表达事件的起源和发生，程序语言中的顺序算子、条件算子等用来刻画连续构件和通信间的耦合关系。

（二）软件仿真

将离散事件法和系统动态法两种方法结合起来的混合仿真模型，综合考虑了进度、成本和风险三种因素，为项目决策提供了有力的支持。混合仿真模型的系统结构示意图如图 4-21 所示。

 【任务安排】

1. 任务探究

（1）简述混合工业企业的特点。

（2）简述混合工业企业的组织形式及特点、具体问题分析，并选择合适的混合工业企业组织形式。

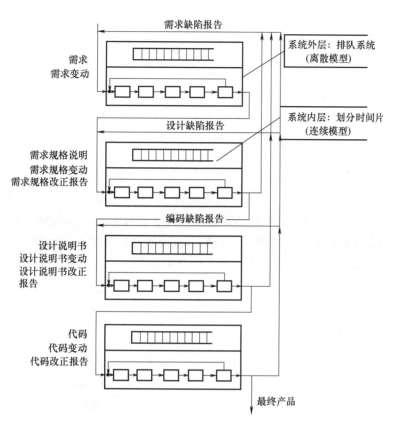

图 4-21 混合仿真模型的系统结构示意图

（3）根据仿真系统程序流程，对具体混合工业产品加工流程进行过程模拟仿真。

2. 任务评分

序号	评价内容及标准	自评分	互评分	教师评分
1	能说出混合工业企业的特点（2分）			
2	能说出混合工业企业组织的形式和特点（3分）			
3	能选择合适的混合工业企业组织形式（3分）			
4	能用仿真程序流程分析具体问题（2分）			
	总分			

3. 知识归档

总结知识目录：

（1）_____

_____

（2）_____

_____

（3）_____

_____

小知识

钢铁企业生产流程

钢铁企业的生产流程包括信息流、物质流和能量流，其流程的前一段（即冶炼阶段）以化学反应为主，后一阶段（轧制阶段）以物理变化为主，整个生产过程包含物质和能量的转换与传递，具有复杂性、突变性和不确定性等混合型工业的特点。

一般的钢铁企业生产均包含焦化、烧结、炼铁、炼钢和轧钢等一些生产过程。前几道工序（包括焦化、烧结、炼铁、炼钢）的生产过程基本连续，是一种连续型生产。焦化分厂生产的焦炭和烧结车间生产的烧结矿作为炼铁车间生产的原燃料，其产品一般直接送往炼铁厂的料仓，经过炼铁高炉处理生成高温铁水，再直接送往炼钢炉，其生产过程基本不间断。炼钢车间产出钢锭（钢坯），将半成品发往轧钢车间进行粗轧、精轧，直到生产出最终商品钢材，后面的工序属于离散型生产企业的生产过程。钢铁企业的生产流程如图 4-22 所示。

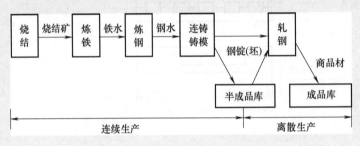

图 4-22 钢铁企业的生产流程

 【小结】

本节介绍了混合工业企业及其组织形式，以及选择混合工业形式的原则。

本单元为工业加工制造相关技术及专业的学习打下了基础。

匠心筑梦 ★ 三百六十行，行行出状元 ★

科学技术日新月异，"三百六十行，行行出状元"却依然没有变。

上海以一名一线生产工人的名字命名了一所学校，即以上海液压泵厂的数控调试工李斌之名来命名的"李斌学校"，重点培养中、高级技术工人。

上海电气集团是我国最大的装备制造业基地之一。发展新技术、新装备，推进现代装备制造业，需要一大批高技能的技术工人。全国劳动模范、知识型工人、数控技术专家李斌作为改革开放时代的工人阶级楷模，以良好的道德形象、精湛的技术成为上海电气集团广大职工学习的榜样，起到了良好的示范作用。为了进一步深入开展学习榜样活动，培育高技能人才队伍，上海电气集团和上海市机电工会依托上海电机学院，于 2002 年"五一"前夕建立了"李斌学校"，于 2003 年 8 月升级为"上海电气李斌技师学院"，学院致力于弘扬"敬业、创新、钻研、奉献"的李斌精神，为振兴现代装备制造业不懈努力，培养了一大批"李斌式"的高技能、高素质技术工人。

要改变高技能人才薄弱的现状，首先还是要在全社会形成一种有利于技术工人培养、成长的氛围。要再创"中国制造"新的辉煌，技术工人队伍是与企业经营者、专业科研人员并列的三支不可或缺的队伍之一。而培养出一支高级"蓝领"队伍，显然更需要引起全社会的关注和重视。

"行行出状元"意思是每种职业都可杰出人才，用以勉励人精通业务，巩固专业思想。

李云鹤是敦煌壁画专职修复工匠，他几十年如一日，独创大型壁画整体剥离的巧妙技法，让悠久的历史得以保存和呈现，如图 4-23 所示。

王树军从普通维修工人经过钻研苦干，闯进国外高精尖设备维护禁区，生产出我国自主研发的大功率低能耗的发动机。

谭文波坚守大漠戈壁 20 多年，冒着生命危险研制出电动液压地层封闭技术，打破地层封闭工具从国外进口的局面……

正是这些行业中可爱的人们，让我们的生活变得更美好。

图 4-23 敦煌壁画修复

☕ **分享时刻：**分成小组，小组内各成员分别谈一谈未来的工作计划，探讨如何加强配合做出成套价值链。

单元3　走进智慧工厂的离散工业

单元知识目标：通过学习，能说出离散工业的定义和特点。

单元技能目标：结合具体的离散工业产品加工流程，分析离散工业有哪些优势。

单元素质目标：学习匠心筑梦的基本内涵，初步树立起工匠意识。

任务1　认识智慧工厂的离散工业	学生姓名：	班级：

【知识学习】

一、离散工业的概念

离散工业指生产中物料处于离散状态，主要通过物理加工和组装实现产品的一种工业生产方式，例如，机械制造、仪器仪表、电子等工业的主要生产流程，如图4-24所示。

离散制造的产品往往由多个零件经过一系列并不连续的工序的加工装配而成，产品的生产过程通常被分解成多项加工任务，每项任务仅要求企业的一小部分能力和资源。在每个部门，工件从一个工作中心到另外一个工作中心进行不同类型的工序加工。企业常常按照主要的工艺流程安排生产设备的位置，以使物料的传输距离最小。离散工业产品加工过程示意图如图4-25所示。

图4-24　离散工业示意图

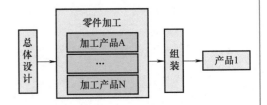

图4-25　离散工业产品加工过程示意图

二、离散工业的产品及生产过程特征

（一）离散工业的产品

离散制造企业的产品结构可以用树的概念进行描述，最终产品一定是由固定个数的零件或部件组成，这些关系非常明确和固定。离散工业企业的原材料主要是固体，产品一般为固体形状，产品的存储多在室内仓库或室外露天仓库。

从产品形态来说，离散制造的产品相对较为复杂，包含多个零部件，一般具有相对较为固定的产品结构、原材料清单和零部件配套关系。

从产品种类来说，一般的离散制造型企业都生产相关和不相关的较多品种和系列的产品，这决定了企业物料的多样性。

（二）离散工业的生产过程特征

离散工业的生产过程中，同一生产车间的设备参数配置可能会因为产品所需工艺的不同而改变。离散工业是生产过程中不同的物料经过非连续的移动，通过不同路径生产出不同的物料和产品。离散工业的生产过程特征如图 4-26 所示。

图 4-26　离散工业的生产过程特征示意图

离散工业的生产过程特征决定了其生产布局的分散性、加工工艺参数的多边性、工业设备种类功能的多样性。这使得离散工业信息化进程中遇到了很多难题，如工业设备通信结构多样，协议不统一；生产设备分布范围广，工位不确定，难以监控等问题。

三、离散工业的过程管理

离散工业的产能不像连续型企业主要由硬件（设备）决定，而是主要由软件（加工要素）决定。同样规模和硬件设施的不同离散型企业因其管理水平的差异导致的结果可能有天壤之别，离散制造型企业通过软件方面的改进来提升竞争力则更具潜力。离散工业的过程管理一般包括图 4-27 所示内容。

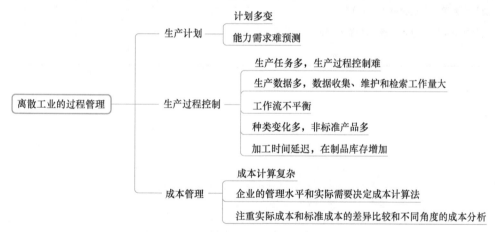

图 4-27　离散工业的过程管理示意图

从加工过程看，离散制造型企业生产过程是由不同零部件加工子过程或并连或串连组成的复杂的过程，其过程中包含着很多的变化和不确定因素。从这个意义上来说，离散制造型企业的过程控制更为复杂和多变。

 【任务安排】

1. 任务探究

（1）简述离散工业的定义，并画出离散工业产品生产加工的流程图。

（2）结合离散工业产品特点和过程特征，与流程工业进行比较，分析具体产品在生产加工过程中加工、配套及出入库等环节的路径规划。

（3）分析比较流程工业及离散工业的区别，填写表4-6。

表 4-6　流程工业与离散工业的区别

比较	流程工业	离散工业
生产方式		
工艺流程		
物料流		
柔性		
过程控制		

（4）简述离散工业过程管理的内容。

2. 任务评分

序号	评价内容及标准	自评分	互评分	教师评分
1	能说出离散工业的定义（2分）			
2	能说出离散工业生产的产品特点（3分）			
3	能说出离散工业过程特征（3分）			
4	能简述离散工业过程管理的内容（2分）			
	总分			

3. 知识归档
总结知识目录：

（1）_____

_____

（2）_____

_____

（3）_____

_____

（4）_____

_____

 【小结】

本节主要介绍了离散工业的定义、离散工业生产的产品特点，以及离散工业过程特征与过程管理的内容。

任务 2　离散工业的结构及仿真	学生姓名：	班级：

 【知识学习】

一、离散工业的结构

离散工业主要是通过对原材料物理形状的改变、组装，并在过程中使其增值而成为产品。它主要包括机械加工、机床加工、组装性行业，典型产品有汽车、计算机、日用器具等。

面向订单的离散制造业的特点是多品种和小批量。因此，生产设备的布置不是按产品，而是按工艺进行布置的，例如，按车、磨、刨、铣来安排机床的位置。面向库存大批量生产的离散制造业，每个产品的工艺过程都可能不一样，同一种加工工艺也可以由多台机床完成，需要对所加工的物料进行调度，并且需要对中间品进行搬运。例如，汽车工业加工按工艺过程布置生产设备。离散工业生产结构示意图如图 4-28 所示。

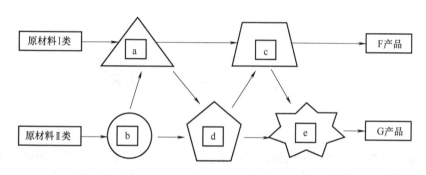

图 4-28　离散工业生产结构示意图

由于离散制造业企业进行的是离散加工，产品的质量和生产率很大程度依赖于工人的技术水平，自动化主要在单元级，例如数控机床、柔性制造系统等。离散制造业是一个人员密集型行业，自动化水平相对较低。

典型的离散制造业企业由于主要从事单件、小批量生产，产品的工艺过程经常变更，因此需要制订良好的计划。离散行业适用于按订单组织生产，由于很难预测订单在什么时候到来，因此，对采购和生产车间的计划就需要很好的生产计划系统，特别需要计算机来参与计划系统的工作。只要计划得当，计划的效益在离散制造业中会相当高。

二、离散仿真技术

根据仿真对象与目的的不同，在制造系统建模与仿真领域所采取的主流技术如图 4-29 所示。

三、离散工业典型仿真模型及仿真流程

（一）离散工业典型仿真模型

离散工业典型仿真模型有事件调度法模型、活动描述法模型和进程交互法模型三种，如图 4-30 所示。

1. 事件调度法模型

事件调度法通过定义事件及每个事件发生对系统状态的影响，按时间顺序确定并执行每个事件发生时有关的逻辑关系。所有事件均放在事件表中，模型中设有一个时间控制机构，该机构从事件表中

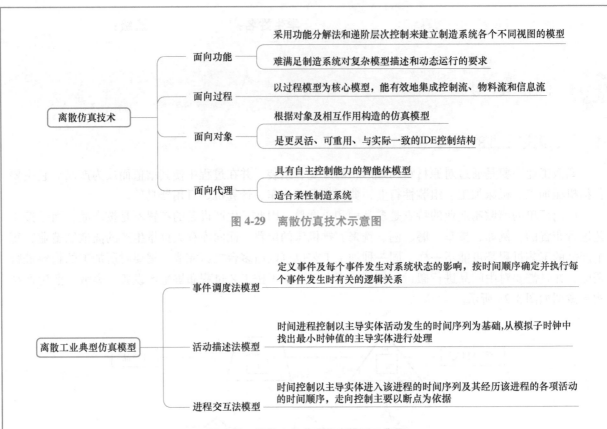

图 4-29　离散仿真技术示意图

图 4-30　离散工业典型仿真模型示意图

选取最早发生时刻的事件。以事件种类为控制依据，不同种类事件的处理进入相应的事件处理模块，并在时间处理完毕返回时间控制机构。事件调度法模型的基本结构如图 4-31 所示。

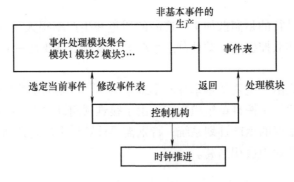

图 4-31　事件调度法模型

　　事件调度法有一定的局限性，仅能依据一定的准则，按照预定事件发生时间的策略进行，在每一类处理子程序中修改系统状态，还要预定本类事件的下一事件将要发生的时间。如果事件的发生与时间和状态都有关系，事件调度法就不合适。

　　2. 活动描述法模型

　　活动描述法激发事件所依据的条件不仅包括时间条件，还包括状态条件，定义系统的主导实体、主导实体的活动及这些活动发生的条件，定义与主导实体活动相关联的非主导实体及其活动。

　　主导实体：仿真过程中起着关键和主导作用的实体，通过它的活动将其他实体的活动串联起来。每个主导实体都有一个模拟子时钟。

　　时间进程控制以主导实体活动发生的时间序列为基础，从模拟子时钟中找出最小时钟值的主导实体进行处理。走向控制以主导实体活动的地点或种类依据进入不同活动处理分支。采用活动描述法，时钟的步进长度是相继两个主导实体活动的间隔时间。活动描述法模型的基本结构和按活动描述法建立的排队模型示意图分别如图 4-32 和图 4-33 所示。

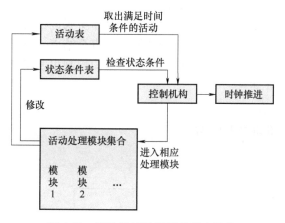

图 4-32　活动描述法模型的基本结构

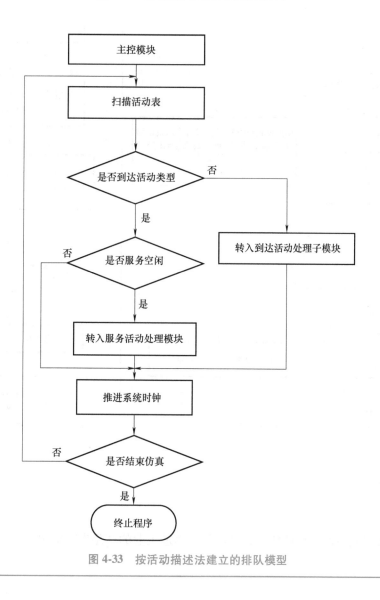

图 4-33　按活动描述法建立的排队模型

3. 进程交互法模型

进程交互法中，进程由事件的时间序列及若干活动组成，具有前述两种方法的特点，接近实际系统，编程实现非常复杂。采用进程描述系统，将模型的主动成分所发生的事件及活动按照时间顺序进行组合形成进程表，一个成分一旦进入进程，将完成进程的全部活动。

进程交互法采用当前事件表和将来事件表两张事件表。当仿真时钟推进，满足条件的所有事件记录从将来事件表移到当前事件表，取出每个事件记录，判断所属进程与位置。当发生条件为真，发生包含该事件的活动，并让该进程满足条件尽可能地推进，直至结束。时间控制以主导实体进入该进程的时间序列及其经历该进程的各项活动的时间为顺序，走向控制主要以断点为依据。以进程为基础的排队系统模型示意图如图 4-34 所示。

（二）离散系统仿真程序流程图

离散系统仿真程序流程图如图 4-35 所示。

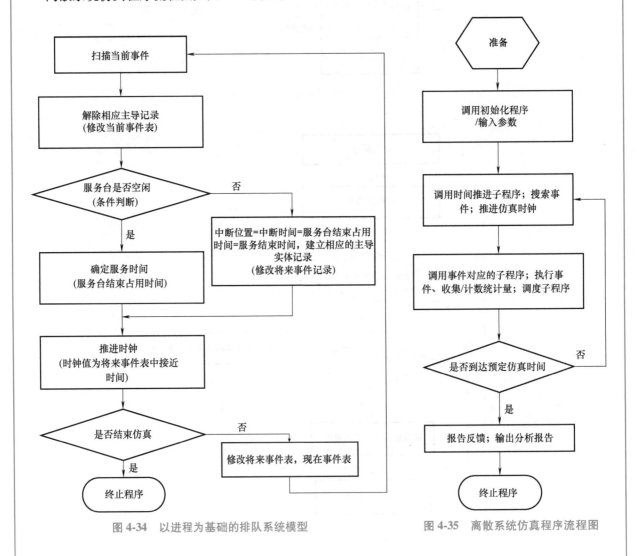

图 4-34　以进程为基础的排队系统模型　　图 4-35　离散系统仿真程序流程图

【任务安排】

1. 任务探究

（1）简述离散工业生产结构的特点，画出具体离散工业的产品生产结构图。

（2）对离散工业的仿真技术进行比较，填写表4-7。

表 4-7　离散工业仿真技术比较

方法	内容	优/缺点	适用范围
面向功能			
面向过程			
面向对象			

（3）分析三种典型离散工业仿真模型的设计特点，填写表4-8。

表 4-8　典型离散工业仿真模型对比

比较内容	事件调度模型	活动描述模型	进程交互模型
系统描述			
建模要点			
时钟推进			
适用范围			

（4）根据仿真系统程序流程，对具体离散工业产品程序进行过程模拟仿真。

2. 任务评分

序号	评价内容及标准	自评分	互评分	教师评分
1	能说出离散工业生产结构的特点（2分）			
2	能说出离散工业的仿真技术（3分）			
3	能说出离散工业的仿真模型及特点（3分）			
4	能用仿真程序流程分析具体问题（2分）			
	总分			

3. 知识归档

总结知识目录：

（1）_____

_____

（2）_____

_____

（3）_____

_____

小知识

柔性制造系统（FMS）

柔性制造系统（FMS）的组成如图 4-36 所示。

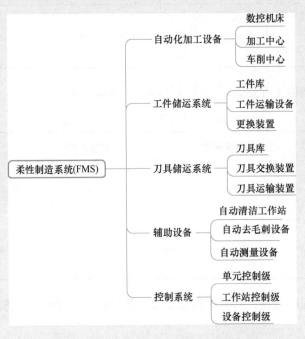

图 4-36　柔性制造系统（FMS）组成示意图

 【小结】

本节主要介绍了离散工业的结构、离散仿真技术，以及离散工业的三种仿真模型。
本单元为工业加工制造相关技术及专业的学习打下了基础。

 工匠精神的基本内涵

王津是故宫文物钟表修复师，他修了大半辈子钟表，数百件文物在他手中起死回生。有时，修好一座钟表要花上他好几年时间，每个零件都要经过反复调校，不能有一丝一毫误差。

孟剑锋是传统工艺美术錾刻师，他錾刻的"纯银丝巾果盘"曾作为国礼赠送给外国元首。为了制作出完美的作品，他不断改进錾刻工具，反复实验，不允许有一点点瑕疵……

这些人身上都体现出了可贵的"工匠精神"。

什么是工匠精神呢？

"工匠精神"对于个人，是干一行、爱一行、专一行、精一行，务实肯干、坚持不懈、精雕细琢的敬业精神；对于企业，是守专长、制精品、创技术、建标准，持之以恒、精益求精、开拓创新的企业文化；对于社会，是讲合作、守契约、重诚信、促和谐，分工合作、协作共赢、完美向上的社会风气。

"工匠精神"可以从六个维度加以界定，即专注、标准、精准、创新、完美、人本。其中，专注是工匠精神的关键，标准是工匠精神的基石，精准是工匠精神的宗旨，创新是工匠精神的灵魂，完美是工匠精神的境界，人本是工匠精神的核心。

"工匠精神"的基本内涵包括敬业、精益、专注、创新等方面的内容。

敬业。敬业是从业者基于对职业的敬畏和热爱而产生的一种全身心投入的认认真真、尽职尽责的职业精神状态。

精益。精益就是精益求精，是从业者对每件产品、每道工序都凝神聚力、精益求精、追求极致的职业品质。

专注。专注就是内心笃定而着眼于细节的耐心、执着、坚持的精神，这是一切"大国工匠"所必须具备的精神特质。

创新。"工匠精神"强调执着、坚持、专注甚至是陶醉、痴迷，但绝不等同于因循守旧、拘泥一格的"匠气"，其中包括追求突破、追求革新的创新内蕴。

工匠精神配图如图 4-37 所示。

图 4-37　工匠精神

☕ **分享时刻：** 谈一谈在工匠精神引领下如何形成各成员的向心力和凝聚力。

单元 4　走进智慧工厂的数字化车间和产线

 单元知识目标: 通过学习,能说出数字化车间和产线的相关概念。

单元技能目标: 结合具体的数字化车间及产线,分析典型数字化车间各部分的联系。

◎ **单元素质目标:** 学习匠心筑梦,树立人才强国的人生观和价值观。

任务 1　认识智慧工厂的数字化车间和产线	学生姓名:	班级:

【知识学习】

一、数字化车间

(一) 数字化工厂的概念

数字化工厂是企业数字化辅助工程新的发展阶段,包括产品开发数字化、生产准备数字化、制造数字化、管理数字化、营销数字化。除了要对产品开发过程进行建模与仿真外,还要根据产品的变化对生产系统的重组和运行进行仿真,使生产系统在投入运行前就了解系统的使用性能,分析其可靠性、经济性、质量、工期等,为生产过程优化和网络制造提供支持。

数字化工厂是以产品全生命周期的相关数据为基础,在计算机虚拟环境中对整个生产过程进行仿真、评估和优化,并进一步扩展到整个产品生命周期的新型生产组织方式。

德国工程师协会定义:数字化工厂是由数字化模型、方法和工具构成的综合网络,包含仿真和3D 虚拟现实可视化,通过连续的没有中断的数据管理集成在一起。

数字化工厂集成了产品、过程和工厂模型数据库,通过先进的可视化、仿真和文档管理,以提高产品质量和生产过程所涉及的质量和动态性能,结合了现代数字制造技术与计算机仿真技术,主要作为沟通产品设计和产品制造之间的桥梁。数字化工厂是以信息技术为代表的高技术与传统工业领域所有要素的融合,进而促进传统工业的改进、提升、变革和创新,形成新型工业装备及系统,催生新的工业模式,构建现代产业体系,提升工业的核心竞争能力。数字化工厂示意图如图 4-38 所示。

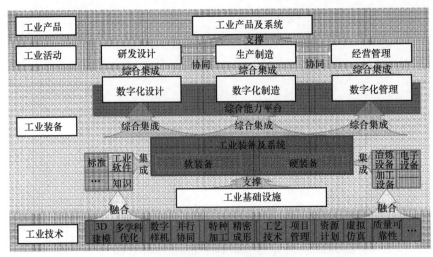

图 4-38　数字化工厂示意图

（二）数字化车间的概念

数字化车间是以制造资源、生产操作和产品为核心，将数字化的产品设计数据在现有实际制造系统的数字化现实环境中对生产过程进行计算机仿真优化的虚拟制造方式。

数字化车间技术在高性能计算机及高速网络的支持下，采用计算机仿真与数字化现实技术，以群组协同工作的方式，作用于从产品建模与仿真研究到完成生产加工的全过程。

（三）数字化车间的构成

数字化车间的构成示意图如图 4-39 所示。

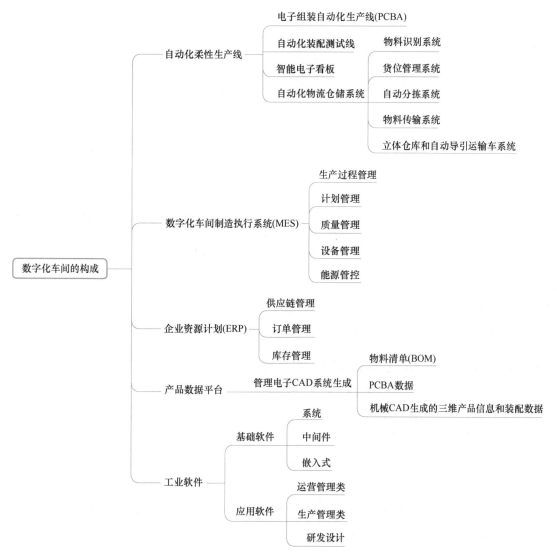

图 4-39　数字化车间的构成示意图

二、数字化产线的必要性和建设原则

（一）合理车间产线的必要性

数字化产线合理车间产线的必要性示意图如图 4-40 所示。

（二）数字化车间建设主线

数字化车间建设主线示意图如图 4-41 所示。

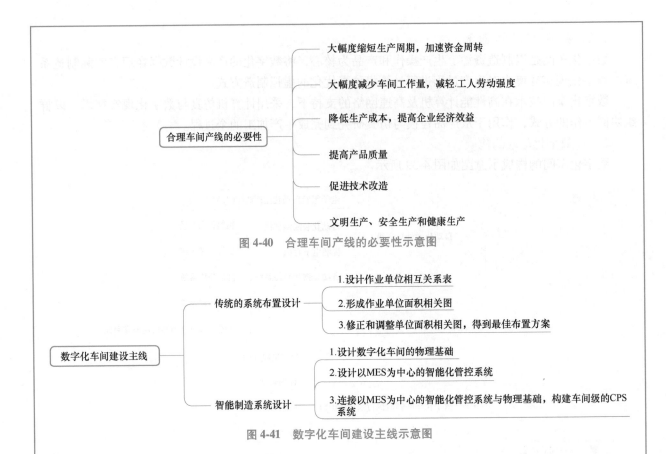

图 4-40　合理车间产线的必要性示意图

图 4-41　数字化车间建设主线示意图

【任务安排】

1. 任务探究

（1）分析智能工厂和数字化车间的区别，填写表 4-9。

表 4-9　智能工厂和数字化车间的区别

区别	智能工厂	数字化车间
本质		
组成		
特点		

（2）分析典型数字化车间的各组成部分。

（3）分析数字化车间建设的现状和未来发展情况。

2. 任务评分

序号	评价内容及标准	自评分	互评分	教师评分
1	能说出数字化工厂和数字化车间的定义（2分）			
2	能说出数字化车间的构成（3分）			

（续）

序号	评价内容及标准	自评分	互评分	教师评分
3	能说出数字化车间合理布置的必要性（2 分）			
4	能简述数字化车间布置建设主线（3 分）			
	总分			

3. 知识归档

总结知识目录：

（1）_____

_____

（2）_____

_____

（3）_____

_____

【小结】

　　本节主要介绍了数字化工厂和数字化车间的定义、数字化车间的一般构成，以及数字化车间合理布置的必要性和建设主线。

任务2 了解数字化车间系统功能结构与产线布置结构	学生姓名：	班级：

 【知识学习】

一、数字化车间系统结构

数字化车间按功能可划分为生产现场层、产线控制层、数据采集与操作层、车间管理信息系统及企业资源计划系统和产品数据管理系统五个层次。通过这五层的规划建设，纵向集成 ERP 系统、PDM 系统、SCADA/MES/WMS 信息化系统、用户操作层、控制层及现场生产线设备，达到打通工厂上下层之间的信息孤岛，实现生产数据的互联互通，从而有效实现产品从订单到生产的智能制造。整个数字化车间系统结构如图 4-42 和图 4-43 所示。

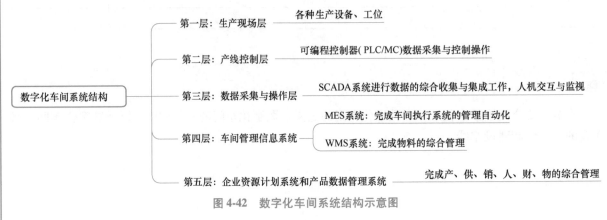

图 4-42　数字化车间系统结构示意图

图 4-43　数字化车间系统结构图

二、产线布局结构

（一）根据设备关系进行设备布局的形式

产线根据设备关系进行设备布局形式取决于生产类型和生产组织形式。根据设备之间的关系，布局的基本形式可分为产品原则布局、固定工位式布局、工艺原则布局和成组原则布局。根据设备关系进行设备布置的形式示意图如图 4-44 所示，按设备关系进行产线结构布置的示意图如图 4-45 所示。

图 4-44　根据设备关系进行设备布局的形式示意图

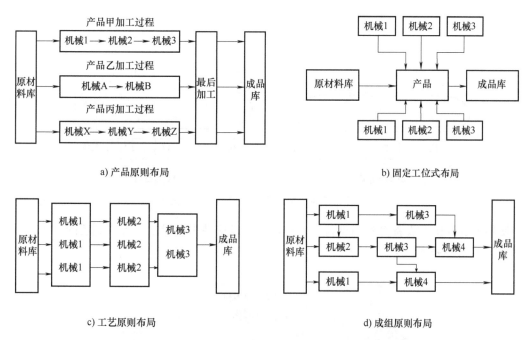

图 4-45　按设备关系进行产线结构布局的示意图

（二）根据零件加工设备布局的类型

根据设备的排列形状和加工物流路径大致分为单行布局和多行布局两大类。单行布局根据零件加工的物流可以分为单向布局和双向布局，根据设备的单行布局形状可以细分为直线形布局、U 形布局和环形布局；多行布局主要是多行直线形布局。根据零件加工设备布局的类型示意图如图 4-46 所示，按零件加工产线布局的结构示意图如图 4-47 所示。

在确定车间布局形式后，首先需要仔细分析影响布局设计的基本约束条件，并较为准确地建立描述布局问题的数学模型，再通过对布局模型求解找到最优或较优的布局方案。

（三）根据批量的产线布局

根据批量的产线布局大致分为大批量生产、小批量生产和单件流生产。

1. 大批量生产产线布局按功能类型布局

大批量生产以其低成本、高效率与高质量取得的优势，使一般中等批量生产难以与之竞争。大批

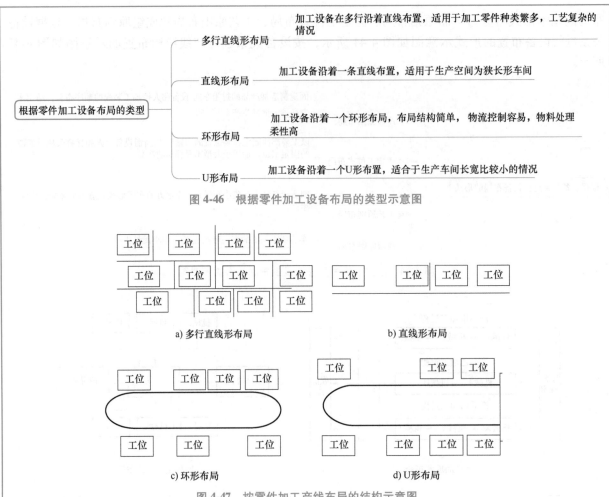

图 4-46 根据零件加工设备布局的类型示意图

图 4-47 按零件加工产线布局的结构示意图

量生产中使用的各种机械设备是专用设备，专用设备是以单件小批量生产方式制造的。大批量生产产线布局示意图如图 4-48 所示。

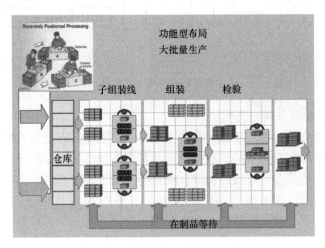

图 4-48 大批量生产产线布局示意图

2. 小批量生产产线布局按生产线布局

产品要根据市场需求定生产量。有些产品市场需求量小，在定生产量时，按小批量安排生产，以免造成产品积压。小批量生产产线布局示意图如图 4-49 所示。

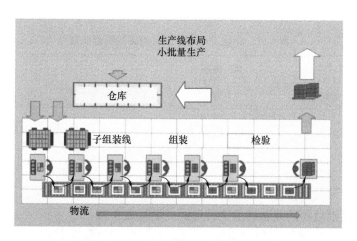

图 4-49　小批量生产产线布局示意图

3. 单件流生产产线布局按单元布局

此布局方式为"一个流"生产方式与精益生产模式。单件流生产产线布局示意图如图 4-50 所示。

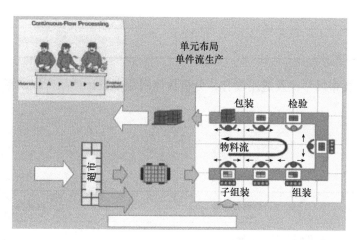

图 4-50　单件流生产产线布局示意图

【任务安排】

1. 任务探究

（1）简述数字化车间系统的五层结构。

（2）分析比较四种根据设备关系进行设备布局的形式，填写表 4-10。

表 4-10　四种根据设备关系进行布局的形式比较

分类	产品原则布局	固定工位式布局	工艺原则布局	成组原则布局
结构				
特点				
适用场合				

（3）分析比较根据零件加工设备布局的类型，填写表 4-11。

表 4-11　根据零件加工设备布局的类型比较

分类	单行布局			多行布局
	直线形	U 形	环形	多行直线形
结构				
特点				
适用场合				

（4）分析比较按照批量的产线布局的三种形式，填写表 4-12。

表 4-12　按照批量的产线布局的三种形式比较

分类	大批量	小批量	单件流
结构			
特点			
适用场合			

（5）比较各种产线布局形式及适用场合，分析具体问题中设计产品产线的形式。

2. 任务评分

序号	评价内容及标准	自评分	互评分	教师评分
1	能说出数字化车间系统的五层结构（2 分）			
2	能说出数字化车间产线的三种布局方式（3 分）			
3	能分析比较各种产线布局的结构、特点及适用场合（3 分）			
4	能选择合适的数字化产线布局形式（2 分）			
	总分			

3. 知识归档

总结知识目录：

（1）_____

_____

（2）_____

_____

（3）_____

⭐ **小知识**

SCADA 系统

SCADA 系统，即数据采集与监视控制系统，是以计算机为基础的 DCS 与电力自动化监控系统。SCADA 在电力系统中应用最为广泛，技术发展也最为成熟，可以对现场的运行设备进行监视和控制，以实现数据采集、设备控制、测量、参数调节及各类信号报警等功能。其中，远程终端单元（RTU）、馈线终端单元（FTU）是其重要组成部分。SCADA 系统涉及组态软件、数据传输链路（如数传电台、GPRS 等），如图 4-51 所示。

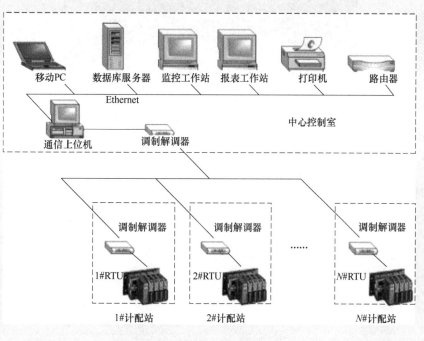

图 4-51 SCADA 系统示意图

🖥 **【小结】**

本节进一步介绍了数字化车间系统的五层结构，以及数字化车间产线的三种布局方式。

本单元为智慧工厂的数字化技术与相关专业的学习打下了基础。

智能制造核心产业

根据工信部印发的《2018 年智能制造综合标准化与新模式应用项目申报要求》，五类智能制造核心技术装备包括：

1）高档数控机床与工业机器人。

2）增材制造装备。

3）智能传感与控制设备。

4）智能检测与装配装备。

5）智能物流与仓储装备。

　　智能核心产业是构成智能化系统的核心功能组件，包括感知、传输、计算、控制等功能单元，具体涵盖计算机设备、网络传输设备、仪器仪表、集成电路、物联网技术和软件等。智能应用产业是推动智能化产业发展的终端应用领域，可分为智能电网、智能交通、智能汽车、智能金融、智能医疗、智能建筑、智能安防、智能物流、智能家居、智能商业等领域，智能应用领域的产业关联度、技术复杂性较高，是最终引领智能产业发展的驱动力量。

　　智能制造工业数字化生产线如图 4-52 所示。

图 4-52　智能制造工业数字化生产线

分享时刻：谈一谈你对数字化生产线和流水线作业的认识。

模块 5

智能制造运营管理

生产管理系统能有效集成流程工业各种测控设备所检测到的生产实时数据，为企业生产管理提供一致、唯一和共享的数据源，同时为企业资源计划提供物料数据与公用工程数据。

MES 是主要面向离散制造企业（如机械制造、电子电器、航空制造和汽车制造等行业）和流程生产行业（如化工、制药、石油化工、电力、钢铁制造、能源和水泥等）的生产模式和管理模式的软件系统。

📋 知识目标

1. 能说出智能制造运营管理的相关概念；
2. 能说出智能制造运营的管理方法；
3. 能说出云平台的概念及建设框架。

💡 能力目标

1. 能根据具体制造行业资料选择适合该行业的运营管理方法；
2. 结合汽车制造行业，能设计具体的智能制造运营模式。
3. 结合实例能说出如何搭建智慧工厂云平台。

🎯 素质目标

1. 提升收集、整理资料的能力及分析问题的能力；
2. 形成创新思维，提升分析与解决问题的能力；
3. 学习中国创造，培养创新思维，树立人才强国的人生观和价值观。

单元 1　MES 运用与管理

 单元知识目标：通过学习，能说出 MES 的概念和运用。

单元技能目标：举出实例，能说出 MES 在具体行业中的运用与发展。

单元素质目标：学习中国创造，培养创新思维，树立人才强国的人生观和价值观。

任务 1　认识 MES	学生姓名：	班级：

【知识学习】

一、MES 的概念

MES（Manufacturing Execution System）一般有两种释义：在流程工业中为生产执行系统，在离散制造行业为制造执行系统，俗称生产管理系统。

一个制造企业的制造车间是物流与信息流的交汇点，企业的经济效益最终将在这里被物化出来。随着市场经济的完善，车间在制造企业中逐步向分厂制过渡，导致角色由传统的企业成本中心向利润中心转化，更强化了车间的作用。在车间起着执行功能的制造执行系统（MES）具有十分重要的作用，MES 在计划管理层与底层控制之间架起了一座桥梁。

一方面，MES 可以对来自 MRPII/ERP 软件的生产管理信息细化、分解，将操作指令传递给底层控制。

另一方面，MES 可以实时监控底层设备的运行状态，采集设备、仪表的状态数据，经过分析、计划与处理，触发新的事件，从而方便、可靠地将控制系统与信息系统联系起来，并将生产状况及时反馈给计划层。

当工厂发生实时事件时，MES 能及时做出反应和报告，并用当前的准确数据进行指导和处理。这种状态变化的快速响应使 MES 能够减少企业内部没有附加值的活动，有效地指导工厂的生产运作过程，从而既能提高工厂及时交货能力，改善物料的流通性能，又能提高生产回报率。MES 通过双向的直接通信为企业内部和整个产品供应链中提供有关产品行为的关键任务信息。

制造执行系统协会（MESA）对 MES 下的定义：MES 能通过信息传递对从订单下达到产品完成的整个生产过程进行优化管理。它采用当前精确的数据对生产活动进行初始化，及时引导、响应和报告工厂的活动，对随时可能发生变化的生产状态和条件做出快速反应，重点削减不会产生附加值的活动，推动有效的工厂运行和过程。

在 MES 定义中强调了以下三点：

1）MES 是对整个车间制造过程的优化，不是单一地解决某个生产瓶颈；

2）MES 必须提供实时收集生产过程中数据的功能，并做出相应的分析和处理；

3）MES 需要与计划层和控制层进行信息交互，通过企业的连续信息流来实现企业信息全集成。

二、MES 的特点

MES 是介于企业资源计划系统（ERP）和自控系统（DCS、PLC 等）之间的系统，是管控一体化的桥梁。对于已经实现 ERP 系统的企业来说，缺少 MES 就相当于在计划与过程控制间形成了断层。MES 属于与生产过程连接的企业信息系统，是实现企业综合自动化的关键环节。MES 位置示意图如图 5-1 所示。

ERP 系统需要 MES 提供成本、制造周期和预计产出时间等实时生产数据。供应链管理系统从 MES 中获取当前的订单状态、当前的生产能力及企业中生产换班的相互约束关系。用户关系管理中的成功报价与准时交货取决于 MES 所提供的有关生产实时数据，产品数据管理中的产品设计信息是基于 MES 的产品产出和生产

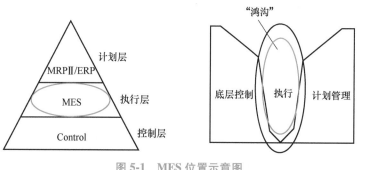

图 5-1　MES 位置示意图

质量数据进行优化的，控制模块需要时刻从 MES 中获取生产配方和操作技术资料来指导人员和设备进行正确的生产。

MES 从其他系统中获取相关的数据保证 MES 在工厂中的正常运行。MES 中进行生产调度的数据来自 ERP 的计划数据、供应链的主计划和调度控制 MES 中生产活动的时间安排；PDM 为 MES 提供实际生产的工艺文件和各种配方及操作参数，从控制模块反馈的实时生产状态数据被 MES 用于实际生产性能评估和操作条件的判断。

MES 与其他分系统之间有功能重叠的关系，例如，MES、CRM 和 ERP 中都有人力资源管理，MES 和 PDM 两者都具有文档控制功能，MES 和 SCM 中都有调度管理等，但各自的侧重点是不同的，各系统重叠范围的大小与工厂的实际执行情况有关。

在 MES 出现之前，车间生产管理依赖若干独立的单一功能软件，如车间作业计划系统、工序调度、工时管理、设备管理、库存控制、质量管理和数据采集等软件。这些软件之间缺乏有效的集成与数据共享，难以达到车间生产过程的总体优化。

为提高车间生产过程管理的自动化与智能化水平，必须对车间生产过程进行集成化管理，实现信息集成与共享，从而达到车间生产过程全局优化的目标。

结合以上的描述，MES 具有以下几个特征。

1）MES 在整个企业信息集成系统中承上启下，是生产活动与管理活动信息沟通的桥梁。

2）MES 采集从接受订单到制成最终产品全过程的各种数据和状态信息，目的在于优化管理活动，它强调当前视角、精确的实时数据。

3）从对实时的要求而言，如果说控制层要求的实时事件系数为 1，执行 MES 的时间系统为 10，计划 MRPⅡ/ERP 的时间系数为 100。

计划/执行/控制的信息流示意图如图 5-2 所示。

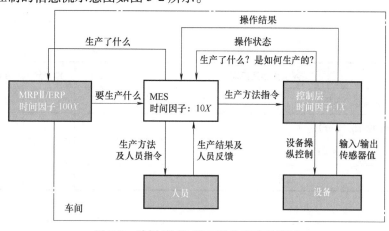

图 5-2　计划/执行/控制的信息流示意图

三、MES 的分类

MES 的分类如图 5-3 所示。

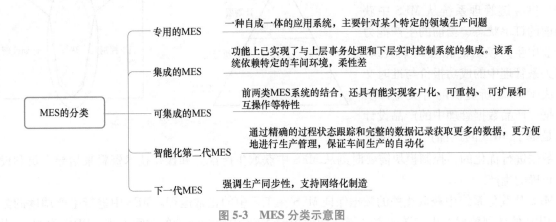

图 5-3　MES 分类示意图

【任务安排】

1. 任务探究

（1）MES 的概念是什么？

（2）MES 定义中强调了哪几点？

（3）MES 具有哪几个特征？

（4）MES 大致分为哪几大类？

2. 任务评分

序号	评价内容及标准	自评分	互评分	教师评分
1	能说出 MES 的概念（3分）			
2	能说出 MES 的特征（3分）			
3	能说出 MES 的大致分类（4分）			
总分				

3. 知识归档

总结知识目录：

　　（1）_____

_____

　　（2）_____

_____

　　（3）_____

_____

【小结】

　　本节主要介绍了 MES 的定义、计划/执行/控制的信息流、MES 的特征，以及 MES 的大致分类。

任务 2　MES 的典型运用与管理	学生姓名：	班级：

【知识学习】

一、MES 的运用

（一）饮料生产线的 MES 运用

某食品饮料流程制造智能化工厂项目是企业集团践行"中国制造 2025"战略部署，针对食品饮料行业特点，结合企业全国性集团化管理的特点，通过信息技术与制造技术深度融合来实现传统食品饮料制造业的智能化转型。该项目以企业运营数字化为核心，结合"互联网+"的理念，采用网络技术、信息技术、现代化的传感控制技术，通过对整个集团经营信息系统建设、工厂智能化监控建设和数字化工厂建设，将食品饮料研发、制造、销售从传统模式向数字化、智能化、网络化升级，实现内部高效精细管理、优化外部供应链的协同，推动整个产业链向数字化、智能化、绿色化发展，提升食品安全全程保障体系。

企业的框架结构由经营层 ERP 系统、生产层 MES、控制层 PCS 组成。

（二）企业"大数据"的信息化建设

ERP 系统的整体架构是以企业管理解决方案为核心，采用互联网、大数据等技术，从产、供、销等业务线着手，结合商业智慧等分析手段建立的综合化企业信息管理系统。其目标是对公司的物料资源、资金资源、信息资源进行集中式的管控和优化。

ERP 以订单生命周期管理为核心，周期从经销商通过互联网下单开始，到系统根据大数据分析并匹配最佳工厂进行订单生产。ERP 系统与工厂 MES 相集成实现智能化生产，并通过产品物流运输的互联网应用，实现了通过 ERP 系统对订单整个生命周期的全过程数字化管理。MES 中物料跟踪体系设计图如图 5-4 所示。

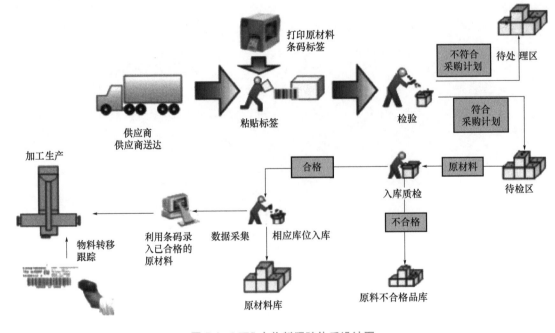

图 5-4　MES 中物料跟踪体系设计图

（三）智能化数字化样板工厂建设

为了进一步深度数字化，建立一个高度自动化数字化的样板工厂，在规划阶段就进行高度自动化和数字化的设计，并通过 MES 各种模块的扩展（生产管理模块、设备管理模块、质量管理模块等）打造高度自动化智能化的"数字工厂"。

MES 将工厂的信息化管理进一步延伸至生产车间。用户可以及时了解物料在车间的领用、存放、消耗情况，各生产任务单的生产进度情况，产品检测情况，人员安排情况，能源消耗情况，设备运行情况等信息。提高了工厂及时交货的能力，改善了物料的流通性能，提高了生产回报率。为公司打造了一个扎实、可靠、全面、可行的制造协同管理平台。

基于工业网络与智能传感器的实时数据采集与运行参数监测控制系统，提高企业的生产效率、工艺水平和产品质量。

通过智能制造系统中工艺参数管理模块自动下传工艺配方与设备参数，可以将生产过程的控制力度扩展到每一道工序，有效降低产品更换时间及生产准备时间，显著提高了生产效率。通过智能传感器模块，自动监测分析生产过程进行优化控制。再通过将 MES 和企业使用的 LIMS 管理系统进行集成，使得每道工序都可以和一个详细的生产工艺联系在一起。在分厂进行的根据详细生产工艺指导下进行的生产，可以很好地提升下到分厂的工艺及配方的准确度，进一步提高工作效率和产品质量。通过对生产工艺过程的管控与记录，不仅能实现原料的质量追溯，同时可实现对产品制造流程的工艺追溯。MES 中质量过程管理体系设计图如图 5-5 所示。

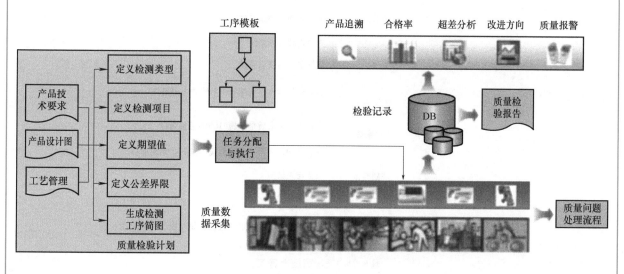

图 5-5　MES 中质量过程管理体系设计图

二、管理 MES 的步骤

（一）充分的准备工作

MES 实施准备工作如图 5-6 所示。

（二）合适的软件选型

MES 实施软件选型原则如图 5-7 所示。

（三）有效的系统实施

有效的系统实施包括从工作流程调查与需求分析、工作流程充足与优化设计、用户改造与 IT 方案、MES 解决方案、用户培训、系统实施与上线、绩效监控与管理持续改进，到系统维护与升级等一系列过程。

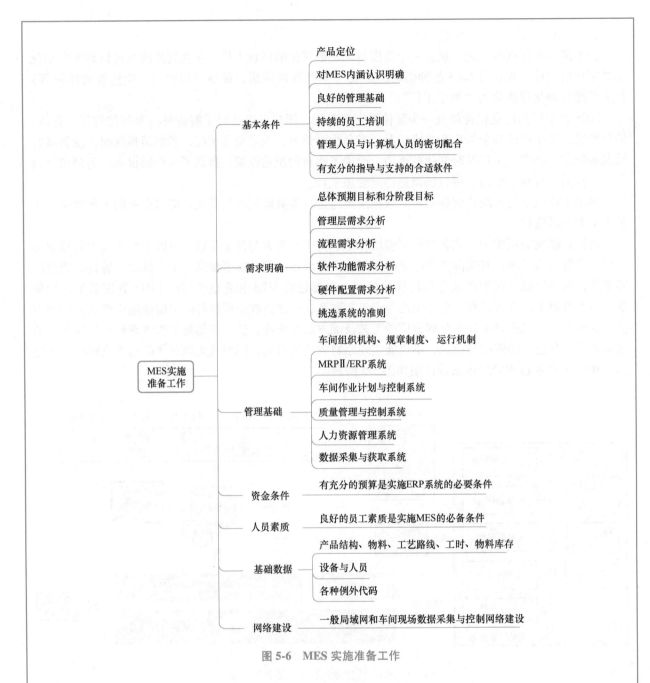

图 5-6　MES 实施准备工作

　　系统实施成功的标志是系统运行集成化、工作流程合理化、绩效监控动态化，以及管理改善持续化等。

　　典型的 MES 实施进程示意图如图 5-8 所示。

三、MES 的发展

（一）存在的问题

　　MES 在发达国家已经实现产业化，其应用覆盖了离散与流程制造领域，并给企业带来了巨大的经济效益。我国 MES 的研究和产业都有一定的发展，但总体来说，在 MES 技术深度与应用广度上仍存在较大上升空间。MES 发展存在的问题如图 5-9 所示。

（二）MES 技术的发展趋势

　　随着信息技术发展，MES 在使用过程中得到了完善和优化。下一代 MES 的主要特点是建立在

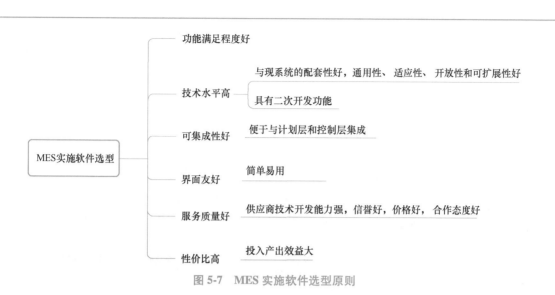

图 5-7　MES 实施软件选型原则

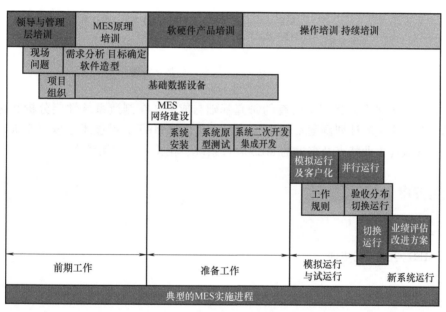

图 5-8　典型 MES 实施进程示意图

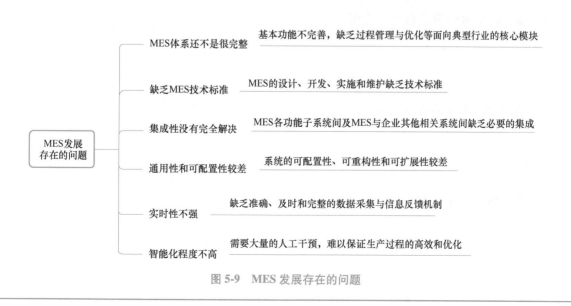

图 5-9　MES 发展存在的问题

ISA-95 标准上，包括易于配置、易于变更、易于使用、无客户化代码、良好的可集成性及提供门户功能等，其主要目标是以 MES 为引擎实现全国范围内的生产协同，MES 技术的发展趋势示意图如图 5-10 所示。

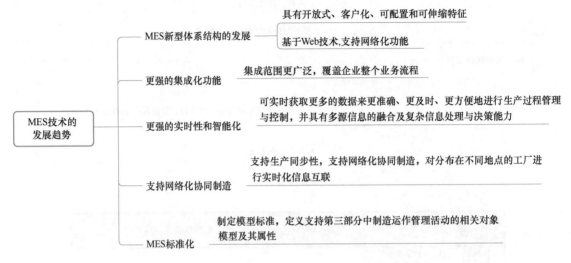

图 5-10　MES 技术的发展趋势示意图

综上所述，MES 未来发展将基于已有的研究基础与成果，在制造系统性能分析和优化、制造过程监控与管理、智能化生产计划调度及信息和过程可视化等 MES 关键技术上取得突破，开发出符合我国离散制造业和流程工业特点及需求的 MES 软件系统、相关工具和构件库。

【任务安排】

1. 任务探究

（1）说出 MES 实施的三步曲。

（2）举例说出 MES 在实际中的应用。

（3）说出 MES 目前存在的问题。

（4）能说出 MES 的未来发展趋势。

2. 任务评分

序号	评价内容及标准	自评分	互评分	教师评分
1	能说出实施 MES 的三步曲（3 分）			
2	能举例说出 MES 在实际中的应用（2 分）			
3	能说出 MES 目前存在的问题（2 分）			
4	能了解 MES 未来的发展趋势（3 分）			
	总分			

3. 知识归档

总结知识目录：

(1) _____

_____

(2) _____

_____

(3) _____

_____

⭐ 小知识

MES 功能概述见表 5-1。

表 5-1 MES 功能概述

序号	功能	概述
1	资源分配与状态	管理车间资源状态及分配信息
2	操作与详细调度	生产操作计划，提供作业排序功能
3	分派生产单位	管理和控制生产单位的流程
4	文档管理	管理、控制与生产单位相关的记录
5	数据采集与获取	采集生产现场各种必要的数据
6	人力管理	提供最新的员工状态信息
7	质量管理	记录、跟踪和分析管理及过程特性
8	过程管理	监视生产，纠偏或提供决策支持
9	维护管理	跟踪和指导设备及工具的维护活动
10	产品跟踪	提供工件在任意时刻的位置及其状态信息
11	性能分析	提供最新的实际制造过程及对比结果报告
12	物料管理	管理物料采购、流转、存储与出库

【小结】

本节主要介绍了实施 MES 的三步曲、MES 在实际中的运用，以及 MES 未来的发展趋势。
本单元为过程加工相关技术及专业的学习打下了基础。

"天眼"工程里的中国创造

被誉为"中国天眼"的 500m 口径球面射电望远镜，简称 FAST，是我国具有自主知识产权、最灵敏的射电望远镜之一。该项目位于贵州省喀斯特洼地，是国家重大科技基础设施。天眼工程由主动反射面系统、馈源支撑系统、测量与控制系统、接收机与终端和观测基地等几大部分组成。

20 世纪 90 年代，科学家们期望在电波环境彻底被破坏之前真正看一眼初始的宇宙，弄清宇宙结构的形成与演化，推动相关科学的突破性研究，只有大射电望远镜才能帮助人类实现这一梦想。在这一背景下，中国天文学家南仁东于 1994 年提出在贵州省喀斯特洼地建造大射电望远镜，形成了"中国天眼"的最初设想。

"中国天眼"于 2016 年投入使用，它的综合性能是著名的阿雷西博射电望远镜的 10 倍。截至 2020 年 11 月，"中国天眼"发现的脉冲星数量超过了 240 颗。2021 年 4 月，"中国天眼"正式向全球科学界开放，它的落成启用对我国在科学前沿实现重大原创突破、加快创新驱动发展具有重要意义。

从预研到建成历时 22 年，我国老、中、青三代科技工作者克服了关键技术无先例可循、关键材料急需攻关、核心技术遭遇封锁等困难，在射电望远镜口径、灵敏度、分辨率、巡星速度等关键指标上全面超越国际先进水平。不仅做到世界第一大口径，独创主动反射面技术，还推动了天线制造、微波电子、并联机器人、大跨度结构等相关技术的发展。

"中国天眼"作为射电天文学界的重要突破，其对数据存储与计算的需要同样也是"天文级"的。短期内"天眼"的计算性能需求至少需达到每秒 200 万亿次以上，存储容量需求达到 10PB 以上。而随着时间的推移和科学任务的深入，其对计算性能和存储容量的需求将以爆炸式增长。

"中国天眼"的研制和建设，体现了我国自主创新能力，实现了我国大科学工程由跟踪模仿到集成创新的跨越，将为我国射电天文多个研究领域和自然科学相关领域提供重大发现的机会。"中国天眼"如图 5-11 所示。

图 5-11 "中国天眼"

 分享时刻：你了解中国天眼吗？谈一谈其他让你感到自豪的"中国制造"吧。

单元 2　云平台运用与发展

单元知识目标： 能说出云平台的概念及云平台建设的框架。

单元技能目标： 举出实例，能说出如何搭建智慧工厂云平台。

单元素质目标： 树立人才强国的人生观和价值观。

任务1　认识云平台	学生姓名：	班级：

【知识学习】

一、云平台的概念与特点

（一）云平台的概念

云平台（Cloud Platform）提供基于"云"的服务，开发者不必构建自己的基础，可以依靠云平台来创建新的应用。云平台的直接用户是开发者，而不是最终用户。

云计算（Cloud Computing）是分布式计算的一种，指的是通过网络"云"将巨大的数据计算处理程序分解成无数个小程序，并通过多部服务器组成的系统进行处理和分析，将得到的结果返回给用户。云计算又称为网格计算。云计算在早期就是简单的分布式计算，解决任务分发，并进行计算结果的合并。通过云计算技术，可以在很短的时间内（几秒钟）完成对数以万计的数据的处理，从而达到强大的网络服务。

（二）云平台的特点

（1）敏捷性：使用户可以快速且以比较低的价格获得信息技术资源。

（2）高可靠性：采用池化技术，实现冗余设备和系统服务。

（3）可扩展性：降低信息系统服务的颗粒度，使用户可以按需开通服务资源，接近实时的自服务。

（4）高效：通过虚拟化技术，可以错峰实现业务峰值需求，提高了系统整体使用率。

（5）节能：模块化的设计及高性能设备的使用，减少了能耗的需求。

（6）安全：数据集中处理、存放，数据保护措施全面覆盖，提高了数据和信息的安全。

（三）云平台的框架

云平台框架包括"端""管""云"三个部分。

（1）"端"是用户接入网络中的终端设备，包括固定终端与移动终端。

（2）"管"指的是"端"与"云"之间互联互通的技术和渠道，主要通过无线基站、有线接入等方式形成固定网络或移动网络，进行信息传输。

（3）"云"是包含了丰富资源和服务的平台。基于云构架的车辆运行信息和大数据平台正逐步成为智能网联汽车时代智能和互联的核心。

二、云平台建设原则

云平台建设原则示意图如图 5-12 所示。

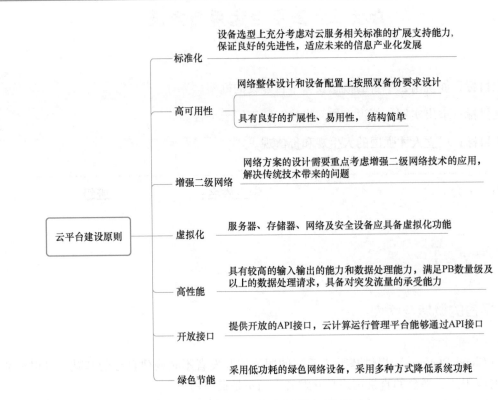

图 5-12　云平台建设原则示意图

三、云平台的分层框架

云平台的分层框架示意图如图 5-13 所示。

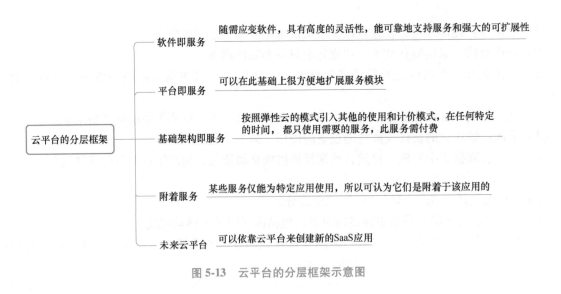

图 5-13　云平台的分层框架示意图

四、云服务关键技术

实现云服务的关键技术有以下几个方面。

1. 体系结构

实现计算机云计算需要创造一定的环境与条件，尤其是体系结构必须具备以下关键特征。第一，要求系统必须智能化，具有自治能力，在减少人工作业的前提下实现自动化处理平台智能响应要求，因此云系统应内嵌自动化技术；第二，面对变化信号或需求信号，云系统要有敏捷的反应能力，所以对云计算的架构有一定的敏捷要求。云计算平台的体系结构示意图如图 5-14 所示。

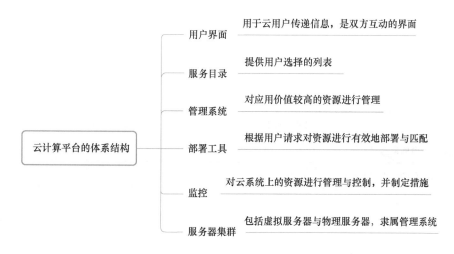

图 5-14　云计算平台的体系结构示意图

2. 资源监控

云系统上的资源数据十分庞大，同时资源信息更新速度快，想要精准、可靠的动态信息，就需要有效途径确保信息的快捷性。而云系统能够为动态信息进行有效部署，同时兼备资源监控功能，有利于对资源的负载、使用情况进行管理。其次，资源监控作为资源管理的"血液"，对整体系统性能起关键作用，一旦系统资源监管不到位，信息缺乏可靠性，那么，其他子系统引用了错误的信息，必然对系统资源的分配造成不利影响。因此，贯彻落实资源监控工作刻不容缓。在资源监控过程中，只要在各个云服务器上部署 Agent 代理程序便可进行配置与监管活动，例如，通过一个监视服务器连接各个云资源服务器，然后以周期为单位将资源的使用情况发送至数据库，由监视服务器综合数据库有效信息对所有资源进行分析，评估资源的可用性，最大限度提高资源信息的有效性。

3. 自动化部署

科学进步的发展倾向于半自动化操作，实现了出厂即用或简易安装使用。计算资源的可用状态也发生了转变，逐渐向自动化部署。对云资源进行自动化部署指的是基于脚本调节实现不同厂商对于设备工具的自动配置，以减少人机交互比例，提高应变效率，避免超负荷人工操作等现象的发生，最终推进智能部署进程。自动化部署主要指的是通过自动安装与部署来实现计算资源由原始状态变成可用状态，自动化部署在计算中能够划分、部署与安装虚拟资源池中的资源，给用户提供各类应用服务，包括了存储、网络、软件及硬件等。系统资源的部署步骤较多，自动化部署主要是利用脚本调用来自动配置、部署与配置各个厂商设备管理工具，保证在实际调用环节能够采取静默的方式来实现，避免了繁杂的人机交互，让部署过程不再依赖人工操作。

　【任务安排】

1. 任务探究

（1）云平台的概念是什么？

（2）云平台有哪些特点？

（3）云平台的建设原则是什么？

（4）云服务关键技术有哪几个方面？

2. 任务评分

序号	评价内容及标准	自评分	互评分	教师评分
1	能说出云平台的概念（2分）			
2	能说出云平台的特点（2分）			
3	能说出云平台的建设原则（2分）			
4	能简单分析云平台的分层框架（2分）			
5	能说出云服务的关键技术（2分）			
	总分			

3. 知识归档
总结知识目录：

（1）＿＿＿＿＿＿＿＿＿＿＿＿＿＿＿＿＿＿＿＿＿＿＿＿＿＿＿＿＿＿＿＿＿
＿＿＿＿＿＿＿＿＿＿＿＿＿＿＿＿＿＿＿＿＿＿＿＿＿＿＿＿＿＿＿＿＿＿＿＿

（2）＿＿＿＿＿＿＿＿＿＿＿＿＿＿＿＿＿＿＿＿＿＿＿＿＿＿＿＿＿＿＿＿＿
＿＿＿＿＿＿＿＿＿＿＿＿＿＿＿＿＿＿＿＿＿＿＿＿＿＿＿＿＿＿＿＿＿＿＿＿

（3）＿＿＿＿＿＿＿＿＿＿＿＿＿＿＿＿＿＿＿＿＿＿＿＿＿＿＿＿＿＿＿＿＿
＿＿＿＿＿＿＿＿＿＿＿＿＿＿＿＿＿＿＿＿＿＿＿＿＿＿＿＿＿＿＿＿＿＿＿＿

【小结】

本节主要介绍了云平台的概念与特点、云平台建设的基本原则，以及云平台分层框架与关键技术。

任务 2　云平台的实现形式与运用	学生姓名：	班级：

【知识学习】

一、云平台实现形式

云平台是建立在先进互联网技术基础上的，其实现形式众多。云平台实现形式示意图如图 5-15 所示。

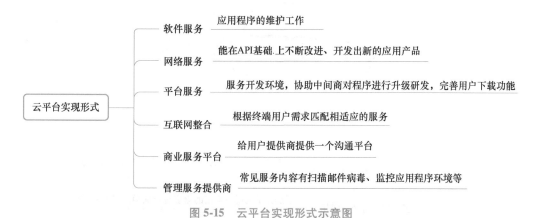

图 5-15　云平台实现形式示意图

二、云平台的运用

云计算技术已经融入社会生活的方方面面，主要运用有存储云、医疗云、金融云、教育云、工业云平台等，如图 5-16 所示。工业云平台如图 5-17 所示。

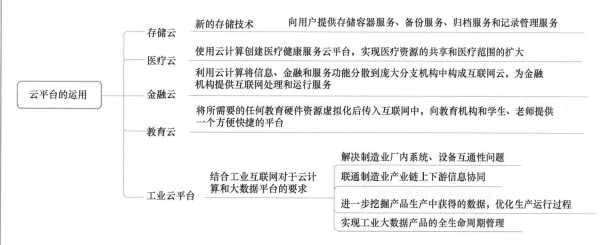

图 5-16　云平台的运用

三、云平台面临的威胁

云平台面临的威胁示意图如图 5-18 所示。

随着时代的发展，用户运用网络进行交易或购物，网上交易在云计算的虚拟环境下进行，交易双方会在网络平台上进行信息之间的沟通与交流。

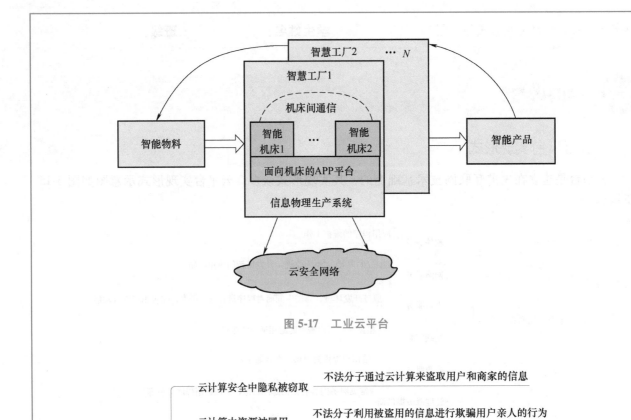

图 5-17　工业云平台

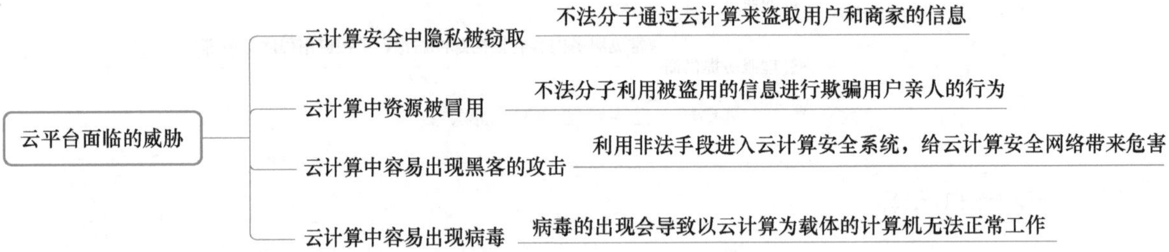

云平台面临的威胁
- 云计算安全中隐私被窃取 —— 不法分子通过云计算来盗取用户和商家的信息
- 云计算中资源被冒用 —— 不法分子利用被盗用的信息进行欺骗用户亲人的行为
- 云计算中容易出现黑客的攻击 —— 利用非法手段进入云计算安全系统，给云计算安全网络带来危害
- 云计算中容易出现病毒 —— 病毒的出现会导致以云计算为载体的计算机无法正常工作

图 5-18　云平台面临的威胁示意图

【任务安排】

1. 任务探究

（1）云平台的主要实现形式有哪些？

（2）云平台在实际中的应用有哪些？

（3）云平台面临的威胁是什么？

2. 任务评分

序号	评价内容及标准	自评分	互评分	教师评分
1	能说出实现云平台的主要形式（3分）			
2	能举例说出云平台在实际中的应用（4分）			
3	能说出云平台目前面临的威胁（3分）			
	总分			

3. 知识归档

总结知识目录：

(1) _____

_____

(2) _____

_____

(3) _____

_____

⭐ **小知识**

国内常见的云计算平台有哪些?

1. 阿里云

相比传统的操作系统，依托云计算的阿里云 OS 具有明显的优势。最为明显的优势便在于其所提供的三大基础服务——云存储、云应用和云助手皆是基于成熟的云计算体系，为我们提供了稳定可靠的服务。

2. 百度智能云平台

对于大数据的规模大、类型多、价值密度低等特征，百度云平台提供的百度应用引擎（BAE）将提供高并发的处理能力，满足处理速度快的要求。

3. 新浪云计算平台（SAE）

作为典型的云计算，SAE 采用"所付即所用，所付仅所用"的计费理念，通过日志和统计中心精确地计算每个应用的资源消耗，包括 CPU、内存、磁盘等。

4. 腾讯云

腾讯云有着深厚的基础架构，并且有着多年对海量互联网服务的经验，可以为开发者及企业提供云服务器、云存储、云数据库和弹性 Web 引擎等整体一站式服务方案。

5. 华为云

华为云通过基于浏览器的云管理平台，以互联网线上自助服务的方式为用户提供云计算 IT 基础设施服务。

6. 盛大云

盛大云是一个安全、快捷、自助化 IaaS 和 PaaS 服务的门户入口。

7. 微软云

微软云以云计算为基础的互联网服务平台，使用户获得更多的选择权，或通过服务器，或把它们混合起来以任何方式提供给需要的业务。

【小结】

本节进一步介绍了云平台的实现形式、云平台的运用，以及云平台面临的威胁。

本单元为工业信息数据传输及处理技术与相关专业的学习打下了基础。

中 国 梦

实现中华民族的伟大复兴就是中华民族近代以来最伟大的梦想，具体表现为国家富强、民族振兴、人民幸福。中国梦把国家、民族和个人作为一个命运共同体，把国家利益、民族利益和每个人的具体利益都紧紧地联系在一起。

只要每个人都把人生理想融入国家和民族的伟大梦想之中，敢于有梦、勇于追梦、勤于圆梦，就会汇聚起实现中国梦的强大力量。

梁启超在《少年中国说》中提到：故今日之责任，不在他人，而全在我少年。少年智则国智，少年富则国富；少年强则国强，少年独立则国独立；少年自由则国自由，少年进步则国进步……美哉，我少年中国，与天不老！壮哉，我中国少年，与国无疆！

"少年强则国强"为青少年提出了奋斗目标，青少年是祖国的花朵，更是祖国的希望。中国的命运掌握在所有中国人的手上，更掌握在青少年手上！

工匠精神，自古至今融在中国劳动者的血脉里，从未缺席。作为职业工作者，应怀揣匠心、兢兢业业，秉承精益求精、持之以恒的工作态度，发挥优秀工匠的创造力和执行力，以成就中国由制造大国变成制造强国的梦想。本文配图如图5-19所示。

图 5-19

分享时刻： 青少年肩负着民族振兴的重任，请谈一谈你对中国智能制造有什么新的想法和打算？

参 考 文 献

[1] 杨帅. 工业4.0与工业互联网：比较、启示与应对策略 [J]. 当代财经, 2015 (8)：99-107.

[2] 夏志杰. 工业互联网的体系框架与关键技术——解读《工业互联网：体系与技术》 [J]. 中国机械工程, 2018 (10)：1248-1259.

[3] 李梅花, 期治博. 工业互联网标识解析二级节点建设思路 [J]. 信息通信技术与政策, 2019 (2)：61-65.

[4] 贾雪琴, 罗松, 胡云. 工业互联网标识及其应用研究 [J]. 信息通信技术与政策, 2019 (4)：1-5.

[5] 孙英飞, 罗爱华. 我国工业机器人发展研究 [J]. 科学技术与工程, 2012 (12)：2912-2918.

[6] 陈春春. 工业机器人产业：现状、产业链及发展模式分析 [J]. 互联网经济, 2019 (1)：32-37.

[7] 郭显金. 工业机器人编程语言的设计与实现 [D]. 武汉：华中科技大学. 2013.

[8] 张学军, 等. 3D打印技术研究现状和关键技术 [J]. 材料工程, 2016, 44 (2)：122-128.

[9] 赵玉刚, 邱东. 传感器基础 [M]. 2版. 北京：北京大学出版社, 2013.

[10] 王芳, 赵中宁. 智能制造基础与应用 [M]. 北京：机械工业出版社, 2018.

[11] 曹丛柱, 方木云. 无线传感器网络安全问题浅析 [J]. 电脑知识与技术, 2009 (16)：4161-4163.

[12] 孙长江. 试论物联网感知层的信息安全防护策略 [J]. 通讯世界, 2019 (2)：1-2.

[13] 王苗. 大数据云计算技术在电商营销中的应用研究 [J]. 电脑与信息技术, 2020 (4)：48-51.

[14] 李纪舟, 等. 大数据关键技术、主要特点及发展趋势 [J]. 电信技术研究, 2013 (3)：58-64.

[15] 吴哲夫, 等. 大数据和云计算技术探析 [J]. 互联网天地, 2015 (4)：6-11.

[16] 张梅. 云计算技术下的大数据用户行为引擎设计研究 [J]. 西安文理学院学报（自然科学版）, 2016 (3)：48-52.

[17] 李新晖, 陈梅兰. 虚拟现实技术与应用 [M]. 北京：清华大学出版社, 2015.

[18] 张量, 等. 虚拟现实（VR）技术与发展研究综述 [J]. 信息与电脑, 2019 (17)：126-128.

[19] 樊星. 关于大数据时代互联网信息安全的探究 [J]. 网络安全技术与应用, 2020 (9)：55-57.

[20] 宋斐. 计算机网络安全与漏洞扫描技术分析 [J]. 中国新通信, 2019 (5)：129-130.

[21] 司朋辉. 网络信息安全与防火墙技术 [J]. 信息通信, 2014 (1)：151.

[22] 林峰, 舒少龙. 赛博物理系统发展综述 [J]. 同济大学学报（自然科学版）, 2010 (8)：1243-1248.

[23] 张娟. 网络信息安全与保密综述 [J]. 南昌高专学报, 2003 (1)：53-58.

[24] 赵荣泳, 等. 数字化工厂与虚拟制造的关系研究 [J]. 计算机集成制造系统, 2004 (10)：46-55.

[25] 陆平等. 数字化工厂及其与企业信息系统的集成 [J]. 现代生产与管理技术, 2005 (2)：22-31.

[26] 于强, 李祥松. 数字化工厂布局仿真技术应用研究 [J]. 机械与电子, 2015 (11)：21-24.

[27] 王绍刚, 等. 数字化工厂建设内容分析与实践 [J]. 铸造设备与工艺, 2021 (5)：52-55.

[28] 周运森, 顾越峰. 现代制造执行系统：管控一体化的关键 [J]. 工业控制计算机, 2003 (10)：1-9.

[29] 尹忠海, 褚亚男. 基于事件逻辑的CPS组件协同模型 [J]. 空军工程大学学报（自然科学版）, 2017 (5)：67-72.

[30] 张若庚, 高宇. 信息物理系统概述 [J]. 数字通信, 2011 (4)：51-53.

[31] 谢刚, 等. 一种多CPS协同机制的设计研究 [J]. 航空制造技术, 2016 (16)：70-74.

[32] 曹晨红. 基于CPS节点操作系统的调度系统研究 [D]. 沈阳：东北大学. 2013.

[33] 王志坚, 蔡自兴, 陈松乔. 混合型工业企业CIMS体系结构的研究 [J]. 高技术通讯, 1998 (10)：5-9.